架空配电线路不停电作业友好型设计

组　　编　中国电工技术学会电力不停电检修技术与装备专业委员会
主　　编　袁　栋
副 主 编　林土方　胡新雨

中国电力出版社
CHINA ELECTRIC POWER PRESS

内 容 提 要

本书依据国家及电力行业相关标准，以友好型为核心设计思路，密切结合当前我国配电网不停电作业技术发展及其在配网业务应用实际，针对带电检修困难的核心堵点、痛点问题，精心编写而成。

本书全面系统地介绍了架空配电线路不停电作业友好型设计，注重理论联系实际。全书共分 5 章，内容包括概述、配电网不停电作业架空配电线路典型设计优化、配电网不停电作业架空配电线路常见设备安装、架空配电线路不停电作业友好型设计案例、架空配电线路不停电作业友好型设计的未来发展，书中包含了许多创新技术和创新成果，内容新，标准新，图文并茂。

本书可供配电网领域的设计工程师、设计人员、施工技术人员和配电网不停电作业专业管理人员参考使用，还可供大、中专院校电力相关专业师生和配电网不停电作业人员学习参考。

图书在版编目（CIP）数据

架空配电线路不停电作业友好型设计/中国电工技术学会电力不停电检修技术与装备专业委员会组编；袁栋主编．—北京：中国电力出版社，2022.11（2024.1 重印）

ISBN 978-7-5198-7028-7

Ⅰ.①架…　Ⅱ.①中…②袁…　Ⅲ.①架空线路－配电线路－带电作业－设计　Ⅳ.①TM726.3

中国版本图书馆 CIP 数据核字（2022）第 161335 号

出版发行：中国电力出版社
地　　址：北京市东城区北京站西街 19 号（邮政编码 100005）
网　　址：http://www.cepp.sgcc.com.cn
责任编辑：杨淑玲（010-63412602）
责任校对：黄　蓓　朱丽芳
装帧设计：王红柳
责任印制：杨晓东

印　　刷：北京锦鸿盛世印刷科技有限公司
版　　次：2022 年 11 月第一版
印　　次：2024 年 1 月北京第二次印刷
开　　本：787 毫米×1092 毫米　16 开本
印　　张：9.75
字　　数：208 千字
定　　价：58.00 元

本书参与单位

组编单位： 中国电工技术学会电力不停电检修技术与装备专业委员会

主编单位： 国网江苏省电力有限公司

支持单位： 国网浙江省电力有限公司

国网山东省电力公司

国网甘肃省电力公司

国网江苏省电力有限公司南通供电分公司

国网浙江省电力有限公司台州供电公司

广西电网有限责任公司电力科学研究院

贵州电网有限责任公司遵义供电局

广东电网有限责任公司佛山供电局

国网山东省电力公司青岛供电公司

国网山东省电力公司枣庄供电公司

国网山东省电力公司滨州供电公司

国网江苏省电力有限公司连云港供电分公司

国网浙江省电力有限公司桐乡市供电公司

国网浙江省电力有限公司东阳市供电公司

中能国研（北京）电力科学研究院

本书编委会

主　　编： 袁　栋

副 主 编： 林土方　胡新雨

编写人员： 欧宇航　钱　栋　陈智勇　胡　聪　庞明远
曹佳伟　卢永丰　唐建辉　邹江华　张捷华
钟全辉　张默迪　刘　帅　曾　伟　侯莉媛
林　林　苏伟伟　隗　笑　胡明辉　应永灵
林　昀　尹　力　曹雯佳　程星月　许　诺

本书审定人员

主　　审： 郝旭东

参审人员： 高天宝　杨伟辉　严　锋　左新斌

前　言

如果说前三次工业革命奠定了人类文明迈向现代化的基础，那么第四次工业革命即绿色工业革命则聚焦了人类社会快速发展与生命和谐存续的矛盾，构建了人类工业文明与地球生命生态并存的和谐愿景。我国在生态文明建设整体布局中明确碳达峰碳中和目标，在《生物多样性公约》第十五次缔约方大会上提出共建地球生命共同体，均广泛而深刻地指导着经济社会系统性变革。

电网作为“绿色能源”传送枢纽，决定着以风电、光伏、水电、核电为标志的“绿色低碳”能源能否安全、稳定输送，决定着全社会能源需求方能否得到满足，决定着广大人民群众对绿色工业革命的拥护程度，加速了新型绿色低碳能源对传统化石能源的置换，推动着高质量、高可靠性新型电力系统对化石能源生产及使用体系的更新迭代。

纵观经济发展史和电力工业史，经济社会越发达，对电能越青睐。电网运营商均以“计划供电”作为起始阶段，以“常态供电、计划停电”作为长期发展阶段，在经济极度发达时实现“作业不再停电、无感知供用电”的高级阶段。十八大以来，我国各电网企业在管控供电可靠性指标、提升优质电力服务、改善电力营商环境上均有长足的进步，长三角重点城市于 2020 年 9 月率先告别“计划停电”。我国东部发达地区，特别是长三角、珠三角重点城市的配电网网架结构强健、智能化水平高，在日常运维中全面开展不停电检修作业，在打通绿色能源落地“最后一公里”的工作中积累大量先进经验。与此同时，更广大的中西部地区由于区域经济发展不平衡、不充分，虽然也有较大进步，但是在安全技术要求更高、检修管理更灵活的不停电检修专业上，则由于长期的不充分发展，普遍缺乏体系化管理经验。各省、市供电企业自行摸索，转型进展缓慢。

在配电网建设投资规模有限的中西部地区，推广不停电作业并限制计划停电检修，属地电网企业可快速减少客户停电时间，提高电力营商环境，促进区域经济发展。然而多年来，经济不发达地区的电网建设、检修工作均主要在停电环境下进行，大量从业人员围绕停电建设、停电检修已经制定出完善且成熟的管理生态。电力基础设施工程项目的可行性研究、规划设计和现场作业体系主要围绕停电检修技术特点制定，在开展基于不停电作业的安全生产预评价工作中，即可判断出：部分存量配电网存在不停电作业安全基础薄弱的先天不足。该不足更是后续安全生产、电网调度、资金管理、人员定额、进度管理、验收结算、装备配置、工具及耗材等电网运营全流程各环节转型的关键堵点。

在传统停电检修的管理模式和“电网检修即停电”的社会共识下，终端能源消费环节对电能可靠性、可用性存在高度疑虑，普遍未将绿色清洁的电能作为第一首选能源；而具有“存储简便、运输可靠、取用随需、成本便宜”特点的旧化石能源仍旧长期占据消费主流。我国是全球最大工业国，该现象直接导致我国业已成为全球温室气体排放量最大的国家，距离 2030 年达到碳排放峰值的目标，减排压力巨大。与发达经济体横向比对可知：人民群众的美好生活需要一流的社会经济，一流的社会经济需要一流的营商环境，一流的营商环境需要一流的供电可靠性，一流的供电可靠性需要一流的电网运维检修。美国、日本和欧洲各国等发达国家百年电力史经验证明，以不停电作业为核心，特别是中低压配电网不停电检修技术的推广，是确保终端用户可靠用电、最终取消计划停电的关键所在。

本书编写组聚焦于我国配电网在规划建设初期采纳不停电作业技术要求不充分，导致建成后开展不停电检修困难的核心堵点、痛点问题，开展配电网不停电友好型架空线路优化设计的编制工作。本书在编写的过程中，以“友好型”为核心设计理念，严守不停电作业安全底线，沿用合理的停电检修设计、优选不停电作业新成果为设计思路，力求在配电网基础设施设计、建设过程中，实现传统架空配电线路由停电检修设计向架空配电线路不停电检修设计的平稳过渡。

书中的配电网不停电友好型架空线路优化设计属于探索性方案，仍有许多待完善、待优化之处，但终究是在实现终端用户“无感知供用电”小目标上，迈出了有积极意义的一小步，在碳达峰碳中和的宏伟目标上做出了积极的贡献。

编者

2022.10

目　录

第1章　概　　述

1.1　配电网停电检修

1.1.1　配电网特征与检修方式

配电网直接与客户连接，其建设及运维的质量，决定了供电能力的大小，直接影响着客户供电可靠性、电能质量和供电服务。配电网需满足供电的连续可靠、合格的电能质量和运行的经济性等要求。

配电网作为接通大电网与电力客户的“最后一公里”，具有如下特征：

（1）配电网设备遍布城市和农村，是城乡公共基础设施的组成部分，同时受市政建设和客户负荷发展的变化影响，网络结构与设备变动相对频繁。

（2）配电网承担着向客户输送电能任务的同时，还起着将接入配电网的光伏、风电、小水电等清洁能源送回主网的作用。

（3）架空配电线路是配电网的主要组成部分，点多面广、分布分散，长期承受日晒、风吹、雨打、雷电、污秽、异物等自然或人为因素的影响，线路故障多发。

（4）随着城镇化进程的快速推进，架空配电线路走廊资源日益紧张，多回线路同杆架设或架空线改电缆入地大量增加。

电力网示意图如图1-1所示。

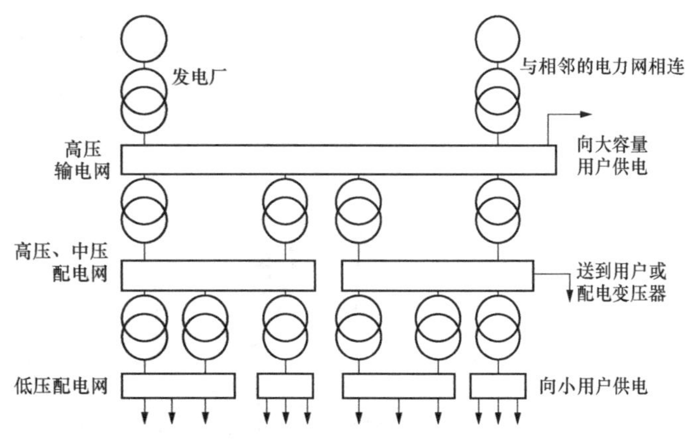

图1-1　电力网示意图

架空配电线路主要由电杆、横担、导线、拉线、绝缘子、金具及杆上设备等组成（图1-2），是由导线经绝缘子（或绝缘子串）支撑固定（或悬挂）在杆塔上。

为提高架空配电线路安全运行水平，降低线路故障，供电企业按照国家和行业相关规程制订架空配电线路的检修计划。架空配电线路检修是结合配电线路设备的检修周期和线路巡视情况等进行综合研判，开展有计划、有针对性的规范化检修工作，意在消除线路缺陷隐患，预防事故发生，提高线路运行水平，确保安全供电。

架空配电线路的检修主要包括设备检修消缺、改造（老旧线路改造、防雷改造、接地改造、补强安装、更换设备）、架空配电线路迁改（配合市政工程、重点工程杆位迁

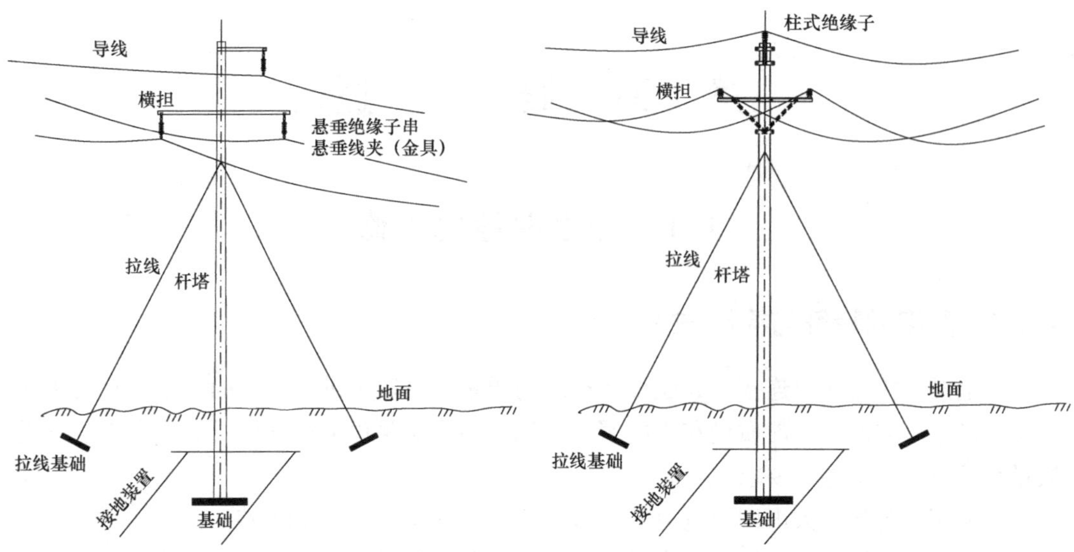

图 1-2　架空配电线路的组成

移、路径改变、架空线入地)、业扩新客户接入电网等。

架空配电线路的检修一般有两种方式：

(1) 停电检修。停电检修是对需要检修作业的线路或设备停电并采取必要的安全技术措施（停电、验电、挂接地线、悬挂标示牌、装设围栏等）后进行检修，作业完成后再恢复供电的作业方式。停电检修是一种传统的作业方式。图 1-3 所示为架空配电线路停电检修作业。

图 1-3　架空配电线路停电检修作业

(2) 不停电检修。不停电检修是采用直接带电作业、搭建旁路、使用移动电源等方式开展检修工作，使客户不停电（或少停电）而实现对电力线路或设备进行检修的作业方式，其核心是配电网不停电作业技术的应用。图 1-4 所示为架空配电线路不停电检修作业。

图 1-4 架空配电线路不停电检修作业

1.1.2 配电网传统检修管理

长期以来，我国电力供应都处在发展中阶段，在供电能力尚未满足用电需求的情况下，供电企业将主要资金投放在提升供电能力上，而对不停电作业的重视不够，对不停电作业的研究开发投入较少，另外，不停电作业具有人员技能素质要求高、人力资源培训周期长、装备工器具高度专业化且昂贵、不停电作业安全风险高等专业客观特性，在电力供应紧张的环境下，架空配电线路施工检修停电受限较少，配电网不停电作业的问题一直未被重视，采用配电网不停电作业作为提高供电可靠性的有效措施一直未被纳入减少停电的管理范畴。

国内供电企业长期采用传统停电检修的管理模式，即在可预安排 10kV 配电网停电前提下，尽量安排配电网停电开展检修或施工，实在迫不得已才在技术条件允许时安排不停电作业。在传统停电检修管理模式下，我国不停电作业发展缓慢，与社会对持续可靠供电的需求逐步出现差距。

传统停电检修管理模式已在国内供电企业采用了数十年，停电检修至今仍是最常见的一种实施配电网设备检修与改造的作业方式。停电作业检修通常是在线路或设备处于停电检修状态下并采取必要的安全措施后，由电力检修专业人员开展检修消缺、技术改造、建设施工等工作。在具有历史局限性的社会共识下，停电检修可以最大程度地降低配电网检修施工作业人员的触电风险。

围绕传统停电检修管理思路，在电能使用上产生了许多矛盾：

一是在社会感知方面，受电力供应紧张、供电输送能力、电力网架结构以及检修技术等诸多因素局限，曾在一个时期，给广大群众造成了“电力检修即须停电”的错觉，大量企业自备发电机组作为备用电源，煤炭、石油等作为能源被广大企业所接受，导致煤炭、石油等资源紧张。

二是行业认知层面，大量电力从业者，如供配电及售电企业、电力职业技术技能院校、电力设计施工监理等领域的从业人员，均长期围绕“配电网可停电、应停电”开展相关技术工作，配电网的规划建设指导思想、电力建设经费测算、一线检修人力资源规划、电力人才专业建设等核心管理要素，均长期围绕停电检修施工开展。

三是本质安全层面，在电力安全生产工作中，停电建设与停电检修工作的安全生产规定及组织技术措施基本一致，原则上电力建设人员可到达的地理位置、可登杆开展建设的工作，停电检修人员均视为可重复抵达并开展检修工作。在此技术背景下，架空配电线路规划路径及设计建设时，重点满足人员的可抵达性及停电施工的便利性，在电力建设最小成本的目标下开展相关规划设计。

传统停电检修一直是国内供电企业开展配电网检修时最常见、最主要的作业方式。停电检修作业的安全技术及组织措施，未考虑电力检修人员触碰带电线路的安全技术措施要求，要求在电力线路停电的条件下开展；停电检修作业中的检修人员、机具与电力线路带电设备必须满足安全规程规定的安全距离，因此，停电检修均要求被检修线路进行停电或部分停电，进而导致电力客户停电；当在同一杆塔多回路共同架设的配电线路上开展停电检修时，为满足安全生产要求，有时必须将同一杆塔上所有共同架设的电力线路全部停电，扩大了停电范围。无论是从电力营商环境、区域社会效益，还是从供电可靠性来衡量，均暴露出停电检修模式的诸多先天不足。停电检修模式已无法满足现代社会对电力能源供应高供电可靠性的要求。

1.1.3 停电检修对客户的影响

配电网的特点决定了其检修施工频繁。配电网中架空配电线路点多面广、分布分散，绝缘水平低，受雷击、污秽等因素影响，架空配电线路设备故障多发。配电网停电分检修施工停电和故障停电两种情况，其中，以检修施工停电对供电可靠性的影响最大。配电网停电检修虽然为配电网设备提供了检修、消缺的机会，有效遏制了配电网重大安全事故的发生，提高了配电网设备安全运行健康水平，但由于配电网停电计划安排、停电范围、停电时长、停电次数等管控日趋严格，部分配电网设备在发现缺陷、隐患后不能及时安排停电检修，导致部分配电网设备在计划停电检修前“带病”运行而发生故障，进而导致停电范围扩大。同时，配电网设备数量大幅度增加，配电网结构越来越复杂、供电运行方式变化越来越频繁，传统的停电检修倒闸操作需要耗费更多的时间和人力、物力，并且停电检修及倒闸操作的安全风险骤增。

停电作业降低了供电可靠性。供电可靠性是指供电系统持续供电的能力，是考核供电系统电能质量的重要指标，反映了电力工业对国民经济电能需求的满足程度，已经成为衡量一个国家经济发达程度的标准之一。供电可靠性可以用一系列指标加以衡量，如供电可靠率、客户平均停电时间、客户平均停电次数、系统停电等效小时数等。配电网是直接面向客户的基础设施，由于配电网中架空配电线路绝缘水平较低，在大气过电压、污秽或其他外界因素作用下易发生故障，并且由于部分地区配电设施陈旧老化，设备存在众多隐患，加上不断新增的企业客户报装用电以及基础设施建设引起的架空配电线路的迁改逐年增多，都会增加停电的次数和停电时间，降低了配电网的供电可靠性。随着配电网带电检测技术的推广应用和配电网状态检修的推进，配电网设备安全运行健康水平不断提升，配电网故障停电大幅度下降。但是配电网检修消缺、技术改造和建设施工引起的停电仍居高不下，配电网停电检修施工已经成为配网停电的主要原因，直接影响着供电可靠性。根据中国电力企业联合会发布2019年全国电力可靠性指标，即客户供电可靠性指标可知：2019年全国客户平均停电时间13.72h/户，同比减少2.03h/户，其中，城市地区4.50h/户，农村地区17.03h/户。城市和农村相差12.53h/户。2019年，"计划停电"仍是造成我国中压客户停电的主要原因，占客户总停电时间的59.84%，影响客户平均停电时间为8.21h/户。其中，工程与检修停电时间分别占预安排总停电时间的51.69%和46.31%；"故障停电"时间占总停电时间的40.16%，影响客户平均停电时间为5.51h/户。传统配电网停电检修模式曾在一定时期内显著提升了配电网运检效率和设备健康运行水平，目前仍是配电网检修的主力军。随着经济社会快速发展，各级敏感客户、重要客户不断增多，客户对不间断供电和优质服务的期许和要求也越来越高，因配电网停电检修施工而中断客户供电，引发停电投诉（频繁停电）等现象不断发生。特别是随着5G移动技术的发展，互联网客户呈井喷式发展，网络直播、电子商务、微商网店等商业模式的崛起，人民生活对电力持续供应的依赖更加突出，停电直接影响经济社会发展和人民生活质量。

采用配电网不停电作业可以有效提高供电可靠性。停电会给人们的正常生活和工作带来极大的不便，电网停电直接影响经济社会发展和人民美好生活，停电直接影响客户的生产、生活，如停电会直接导致供水中断、高层建筑电梯因停电而无法使用、工业企业因停电中断生产，停电导致城市交通瘫痪、影响政府信息化办公，事关地方政府形象和社会稳定。传统的配电网停电检修方式已经不能适应社会经济发展和人民生活对持续可靠供电的要求。采用架空配电线路不停电检修，不仅可以有效减少配电线路施工检修引起的停电次数和停电时间，同时还可以及时消除配电线路设备缺陷和安全隐患，保障线路设备安全可靠运行，提高供电可靠性。

1.2 配电网不停电作业技术及其应用

架空配电线路停电的原因（剔除网架自身原因）主要有运行中配电线路及其设备发生故障引起停电和为提高配电线路设备运行水平而安排的计划停电。其中，运行中配电线路及其设备发生故障引起停电主要是检修或消缺不及时引起的，停电管控的日趋严格导致检修或消缺不能随时安排，导致存在安全隐患或缺陷的设备在带"病"运行中加剧缺陷，在停电消缺前发生故障或事故引起停电，其根源在于架空配电线路采用停电检修作业方式。配电网设备偶发性缺陷若不能及时消除，带"病"运行或积少成多均为安全隐患，危及配电网线路稳定运行，甚至引发安全事故。传统停电检修管理模式与计划停电密不可分，受停电指标及计划性的严格管控，部分地区配电网主线年计划停电不准超过1次、支线一般不得超过2次。主线的一般设备缺陷或单一的设备安全隐患，往往需要预安排计划停电后，才能进行计划性消缺，部分老旧配电设备因运行已久，在带“病”运行一段时间后，设备缺陷在安排消缺的计划停电实现前已经演变成突发停电事件，导致电力客户非计划停电，极端情况下还可能扩大停电范围。因此，为保证电力供应的稳定和不间断，需要转变配电网传统的停电检修方式，在发现设备缺陷或安全隐患后应即时进行消除，避免设备缺陷演化扩大成事故，采用停电检修难以实现设备缺陷或安全隐患的即时消除。如果不改变传统的停电检修作业方式，给客户带来的诸多问题以及给社会经济发展带来的不利影响是不可避免的。

如果采用配电网不停电作业代替架空配电线路传统的停电检修方式，停电的次数和停电时长将大幅度下降，停电问题就基本消除，给客户带来的诸多问题和给社会经济发展带来的不利影响可以有效避免。采用配电网不停电作业可以实现设备缺陷或安全隐患的快速消除，采用配电网不停电作业检修架空配电线路逐步替代配电网停电检修也是未来配电网检修的发展趋势，不停电作业的价值和重要性日益凸显。

1.2.1 配电网不停电作业的优点

1. 优化电力营商环境

经济发展，电力先行。2018年，政府工作报告指出，要不断优化营商环境，提升经济发展质量，2020年，国务院出台了《优化营商环境条例》，国家发展改革委、国家能源局也联合下发了《关于全面提升“获得电力”服务水平优化用电营商环境的意见》（简称《意见》），指出要提升供电能力和供电可靠性，减少停电时间和停电次数，推广配电网不停电作业技术。该《意见》的发布，体现出了国家对于不停电作业技术的认可，迫切需要供电企业采取各种有效措施来提高供电可靠性。对供电企业而言，应用配电网不停电作业技术，服务企业报装接电提质、提速，进一步压缩业扩报装周期，是保障供电质量、优化营商环境的重要举措。

2. 提升电力优质服务

传统的停电作业方式下，供电企业在开展线路或设备检修时，按照传统的作业方式必须是有计划地停电作业，而计划停电根据要求必须做到“月度控制，一停多用”，有时客户接电、迁改工程等需要结合各类停电计划需求，势必造成实施窗口的受限、实施时间的延长，同时也增加了停电时间。如遇设备故障必须临时停电紧急抢修，而突然停电会给客户造成诸多不便。根据国家能源局12398能源监管热线公布的数据，每月的投诉举报事件多集中在供电服务上，占比为80%左右。暴露的主要问题集中在部分地区，尤其是农村地区配电线路及配电网设施建设、改造滞后，供电能力不足，用电高峰时段线路负荷大，电压持续偏低或者不稳，停电频繁等，人民群众日益增长的用电需求难以得到满足。

为此，供电企业除应着力打造坚强、可靠、智能的电网，让客户享受到高质量的电能，让每一个居民放心用电、满意用电外，还要不断拓展服务途径，延伸服务链条，力求实现“让人民满意用电”的承诺。实施配电网不停电作业，能有效地覆盖配电网的业务需求，快速地满足各类涉及电网的作业需要，保障客户供电连续、可靠，从而提高供电服务效能和质量，更好地履行供好电、服好务的宗旨，有助于供电企业树立良好的形象。

3. 提高供电可靠性

供电可靠性是指供电系统持续供电的能力，是衡量电网企业供电能力的核心指标。供电可靠性不仅是企业供电水平的体现，而且在某种程度上反映了电网企业技术、设备、管理等综合管理水平。对于客户而言，对电网企业的评价条件主要来源于供电可靠性，而充足的电力资源是推动企业可持续发展的重要因素，具有重要的战略意义。因而电力企业要提升自身在市场竞争中的实力，确保企业经济效益和社会效益双丰收，就需要不断提升配电网供电可靠性。

与传统停电检修模式相比，秉承“能带不停”理念的全业务不停电检修模式可以大幅度减少配电网倒闸操作次数和客户停电数量，降低配电网倒闸操作和检修作业人身安全事故的发生。

实践证明，供电可靠性与坚强的配电网架、完善的配电自动化水平以及配电网检修方式关系紧密，坚强的配电网架建设周期长，投资大，配电自动化因自动化设备运行环境恶劣而见效甚微，而采用配电网不停电作业不仅投资少，见效快，而且可持续发展。采用配电网不停电检修方式是当前提高配电网供电可靠性最有效、最直接的措施之一，是当前以及未来提高供电可靠性最直接、最有效的措施。

1.2.2 配电网不停电作业技术及其发展现状

1. 不停电作业

不停电作业是以实现客户不停电或短时停电为目的，采用多种方式对设备进行检修的作业。配电网不停电作业的提出，对于提升供电可靠性和优质服务水平具有较好的导向作用，突出了供电企业的“优质服务意识”，体现了“以客户为中心”的服务理念。不停电作业方式主要有以下两种：

（1）直接在带电的线路或设备上作业，即带电作业。

（2）先对客户采用旁路或移动电源等方法连续供电，再将线路或设备停电进行作业。

2. 带电作业

带电作业是指在高压电气设备上带电进行检修、测试的一种作业方法，是工作人员接触带电部分的作业或工作人员身体的一部分或使用工具、装置或设备进入带电作业区域的作业。

（1）带电作业是对带电的电气设备进行检修、安装、调试、改造及测量工作的统称。

（2）带电作业所采用的方法是指绝缘杆作业、绝缘手套作业、等电位作业。

电气设备在长期运行中需要经常测试、检查和维修。带电作业是避免检修停电，保证正常供电的有效措施。带电作业的内容可分为带电测试、带电检查和带电维修等几方面。带电作业的对象包括发电厂和变电所电气设备、架空输电线路、配电线路和配电设备。带电作业的主要项目有带电更换线路杆塔绝缘子、清扫和更换绝缘子、水冲洗绝缘子、压接修补导线和架空地线、检测不良绝缘子、测试更换隔离开关和避雷器、测试变压器温升及介质损耗值。

带电作业根据人体与带电体之间的关系可分为等电位作业、地电位作业和中间电位作业三类。

在配电线路的带电作业中，不能采用等电位方式进行作业。

3. 配电线路不停电作业方法

目前配电线路不停电作业方法，主要有绝缘杆作业法、绝缘手套作业法和综合不停电作业法。

（1）绝缘杆作业法。绝缘杆作业法是指作业人员与带电体保持安全距离、戴绝缘手套和穿绝缘靴、通过绝缘工具进行作业的方式。在作业范围窄小或线路多回架设、作业人员身体各部位有可能触及不同电位的电力设备时，作业人员应穿戴绝缘防护用具，对带电体进行绝缘遮蔽。绝缘杆作业法（也称间接作业法）既可以在登杆作业中采用，也可以在斗臂车的工作斗或其他绝缘平台上采用。

（2）绝缘手套作业法。绝缘手套作业法是指作业人员借助绝缘斗臂车或其他绝缘设施（人字梯、靠梯、操作平台等）与大地绝缘并直接接近带电体，作业人员穿戴全套绝缘防护用具，与周围物体保持绝缘隔离，通过绝缘手套对带电体进行检修和维护的作业方式。采用绝缘手套作业法时，无论作业人员与接地体和相邻的空气间隙是否满足《电力安全工作规程　电力线路部分》（GB 26859—2011）规定的作业距离，作业前均需对作业范围内的带电体和接地体进行绝缘遮蔽。在作业范围窄小、电气设备密集处，为保证作业人员对相邻带电体和接地体的有效隔离，在适当位置还应装设绝缘隔板等限制作业者的活动范围。在配电线路的不停电作业中，不允许作业人员穿戴屏蔽服和导电手套采用等电位方式进行作业，绝缘手套法也不应混淆为等电位作业法。

（3）综合不停电作业法。综合不停电作业法是指利用带电作业方法，对带电设备同时进行多种项目的检修。该作业综合运用绝缘杆作业法、绝缘手套作业法，采用旁路（临时电缆）和旁路作业车、移动电源车等旁路设备实施不停电作业。

绝缘杆作业法与绝缘手套作业法各有特色，根据不同作业环境条件和作业项目分别采用。绝缘杆作业对作业工具配置和线路线夹、金具的要求较高；绝缘手套作业对绝缘平台的要求较高。

4. 国内外带电作业发展

国外带电作业发展较早，已经有近百年历史。1923 年美国开始在 34kV 配电线路上探索带电作业。20 世纪 40 年代，日本在消化吸收美国带电作业技术的基础上，结合日本配电网及亚洲人体工程学实际，研发新型配电网带电作业工具。近年来随着科技进步，高性能绝缘材料和绝缘斗臂车相继问世，特别是绝缘斗臂车的推广应用，促进了配电网带电作业的快速发展。

1952年，国内尝试开展配电网带电作业，1954年，成功研发了我国第一套配电网带电作业工具，20世纪60年代至80年代初期曾经尝试推广配电网带电作业，但由于缺乏合适的人身安全防护用具及作业方式不规范，发生配电网带电作业事故，导致部分地区停止了配电线路的不停电作业。

20世纪90年代，随着改革开放的深入和国内科研投入的加大，陆续引进了部分配电网带电作业用的工具和材料，特别是配电网带电作业用人身安全防护装备、不停电作业用工具、绝缘斗臂车的引进，以及国内大量带电作业工具的成功研发，配电网带电作业人身安全防护装备和作业工具有了质的提升，作业人身安全防护保障基本得到解决。随着经济社会的快速发展，电力应用融入经济社会发展和群众生活的方方面面，客户对进一步提高供电可靠性的呼声日趋强烈。为有效降低并减少客户停电，提高供电可靠性，减少客户停电投诉，配电网带电作业开始逐步在业扩接电等业务中推广应用。随着旁路作业设备、中低压移动电源车装备等的快速发展和客户对供电可靠性要求的提高，配电网带电作业从作业设备带电向客户不中断供电，即配电网不停电作业转变。如图1-5所示为10kV旁路检修架空线路。图1-6所示为10kV架空线路耐张杆移动电源车快速接入示意图。

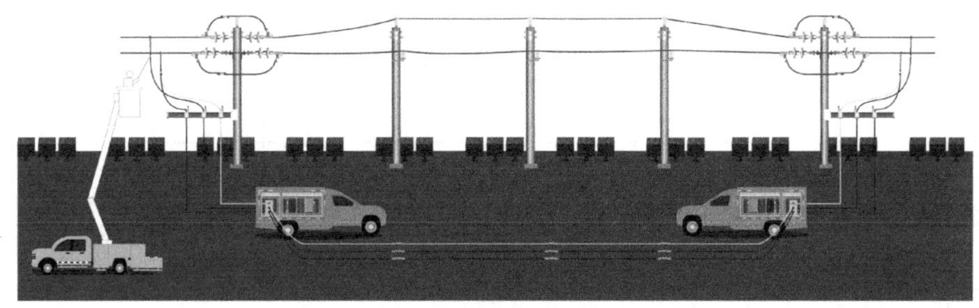

图1-5　10kV旁路检修架空线路

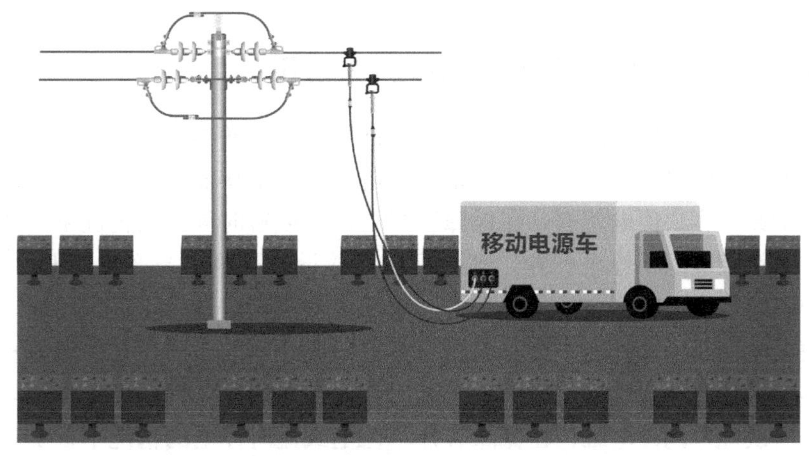

图1-6　10kV架空线路耐张杆移动电源车快速接入示意图

目前配电网不停电作业开展四大类33个项目（国家电网公司分类标准），基本涵盖配电网运检全业务。

开展简单作业项目的单点单次带电作业应用、多点旁路作业和移动电源作业的实用性和效率比较见表1-1。三种作业方法中开展简单作业项目的单点单次带电作业应用的工作量最小，投入产出比较高，在各地应用较为广泛，但对于采用带电作业开展复杂应用检修的配电变压器、断路器、杆线迁移、更换导线等复杂项目却无能为力，只能采用移动电源作业和多点旁路不停电作业法，但这两者的工作量较大。

表1-1　单点单次带电作业、多点旁路作业、移动电源作业的实用性和效率比较

方法	单点单次带电作业	多点旁路作业	移动电源作业
现场工作量	工作量较小，使用绝缘斗臂车进行的常规带电作业项目，简单工作作业时长一般在1h以内，劳动强度较低	工作量较大，需要装、拆旁路电缆和高压线路的引线绝缘遮蔽要求更为严格，旁路电缆的展放、收回、看护费时较多	工作量较大，需要装、拆移动电源和高低压线路的引线连接，移动电源的电缆出现固定较烦琐；大型发电车抵达困难
经济损耗	损耗较小，一般单点带电作业的工程定额经费在1万元左右	损耗较大，需增加高价值移动旁路装备多个台班，现场作业多个班次（多天），单次作业损耗可高达十万余万元	损耗很大，需增加高价值移动旁路装备、大功率发电设备多个台班，有时需多次给发电设备加油，单次作业损耗可高至数十万元
适用对象	配网高低压线路业扩增容、业扩接火、带电消缺、带电更换电气设备	理论上所有的配电线路及设备检修时均可保障客户不停电	设计对配电变压器更换或修试作业时保证客户的连续供电
不间断供电	有时会造成作业点后端客户短时停电	完全不停电，有时因设备容量不足压减客户负荷	完全不停电，有时因设备接入切换瞬停负荷

1.2.3　配电网不停电作业在配电网业务中的应用

多年的架空配电线路不停电作业应用实践证明，配电网不停电作业替代传统的停电作业方式开始融入配电网检修和施工。采用配电网不停电作业检修架空配电线路，解决配电网检修消缺与客户停电矛盾，在保障客户不停电或短时停电的情况下，实现配电网检修消缺；采用配电网不停电作业，解决配电网建设改造施工与客户停电之间的矛盾，在保障客户不停电或短时停电的情况下，实现配电网建设改造施工；采用配电网不停电作业，解决配电网新增业扩客户接电与原有客户停电之间的矛盾，在保障原有客户不停电或短时停电的情况下，实现配电网业扩随时接电；采用配电网不停电作业，配合重点工程建设，解决配电网停电难，在保障客户不停电或短时停电的情况下，实现重点工程建设施工。

对于绝缘斗臂车等特种车辆能够到达的作业现场，除特殊线路结构（狭窄通道、线间距离不满足带电作业条件）的同杆双回配电线路外，同杆双回架空配电线路的新客户业扩接电、常规检修消缺、安装或更换线路设备、线路电杆移位、架空线入地改造、临时取电等作业内容均可通过配电网不停电作业来替代停电作业来实施作业。

对于绝缘斗臂车等特种车辆不能到达的作业现场，单回架空配电线路的常规新客户业扩接电、常规检修消缺、安装或更换线路简单设备等作业内容也可通过配电网不停电作业来替代停电作业来实施作业。

除常规配电网不停电检修消缺作业外，带负荷立（撤）杆、直线杆改成耐张杆、直线杆改转角耐张杆、直线杆改耐张杆加装柱上开关、带负荷加装或更换配电网设备（如带负荷加装或更换柱上开关、直线杆绝缘子、避雷器、跌落式熔断器、线夹、引流线、短导线、拉线等）、低压发电车取电通过配电变压器升压保障居民供电、高压发电车取电并入配电线路保障居民供电、利用移动箱式变电站和高低压旁路设备更换运行中的配电变压器等配电网不停电作业内容也在配电网检修施工中得到广泛应用。

随着配电网不停电检修施工融入配电网运检全业务，以及配电网不停电作业不断深化配电网工程应用，配电网不停电作业覆盖面得到进一步提高，配电网不停电作业应用已经从最初的解决架空配电线路业扩接电引起客户停电，向简单的架空配电线路设备检修消缺延伸，逐步发展到应用配电网不停电作业技术常态化开展架空配电线路设备检修消缺，应用配电网不停电作业技术将配电线路或设备旁路或引入移动电源等方法对工作区域的负荷进行临时供电，开展架空配电线路技改工程，目前已经将配电网不停电作业技术应用到架空配电线路迁移杆线、架空线入地改造、配合政府工程迁改架空配电线路等工程建设，以及采用配电网不停电作业实现新建110kV变电所投产10kV架空配电线路带电、带负荷割接等工程应用，有效破解配电网检修、施工、技改和政府重点工程建设给客户带来的停电，最大限度地减少了客户停电，有效地提高了供电可靠性。

将架空配电线路全业务纳入不停电作业流程管理，在架空配电线路设计时优先考虑便于配电网不停电作业的设备结构及形式，以及便于配电网不停电作业的线夹、金具、旁路接入和快速复电接入辅助设施等，有利于采用配电网不停电作业来实现架空配电线路全业务，从而更好地减少停电，提高供电可靠性。

1.3　配电网不停电作业与停电作业的主要技术差异

随着配电线路不停电作业应用的迅速发展、作业项目的不断完善以及作业应用覆盖面的不断拓宽，配电线路不停电作业项目逐步覆盖配电线路停电作业各种项目；同时，随着旁路和移动电源作业技术的广泛应用，某些类型的作业，如配电变压器的调换、迁移杆线等，在不能采用直接带电作业的情况下，先采用将配电线路或设备旁路或引入移动电源等方法对工作区域的负荷进行临时供电，然后将工作区域的配电线路或设备进行停电后再作业，实现对客户保持连续供电。

值得注意的是，适应配电网不停电作业的架空配电线路的设计、施工技术要求高于传统停电检修的架空配电线路，按照传统停电检修设计的架空配电线路不一定完全适应架空配电线路不停电作业条件。传统架空配电线路采用停电检修施工方式，在架空配电线路勘察设计、施工时，是以满足配电线路安全运行和施工安全为首要条件，但的确难以满足在架空配电线路上实现配电网不停电作业全业务覆盖的条件，其差异主要体现在路径选择、结构设计、安全距离等方面。

1.3.1 路径选择差异

比较架空配电线路配电网不停电作业与停电作业，对架空配电线路路径选择上的差异体现在特种作业车辆能否到达作业杆塔位置。传统的停电检修作业方式以人工检修为主，很少使用机械设备，架空配电线路设计勘察时仅考虑架空配电线路路径最短，一方面是造价最低，另一方面是电气距离最短，甚至杆塔立在水中、田间、丘陵或者山坡上，至于特种作业车辆能否到达杆塔位置无关紧要。绝缘杆作业法能够开展的作业项目相对有限，不能开展作业过程受力、承重的作业项目；配电网不停电作业除登杆绝缘杆作业法外，一般需要特种作业车辆配合，同时配电网不停电作业仍然有大量的作业工器具需要搬运至作业现场，适应配电网不停电作业的架空配电线路路径在选择时，需要尽量满足特种作业车辆能够到达作业杆塔位置，如果特种作业车辆不能到达作业杆塔位置，会直接影响作业项目能否开展。

1.3.2 结构设计差异

比较架空配电线路配电网不停电作业与停电作业，对架空配电线路结构设计上的差异体现在杆塔回路数和杆头结构上。传统的停电检修作业方式在架空配电线路全停状态下开展检修施工，作业人员周边环境没有电也没有“来电”的安全风险，架空配电线路设计时仅考虑架空配电线路满足运行安全条件即可，在杆塔回路数和杆头结构等架空配电线路结构上没有特殊要求。但配电网不停电作业是在架空配电线路带电的状态下开展作业的，杆塔回路数和杆头结构直接影响着不停电作业能否开展。

适应配电网不停电作业的架空配电线路除要满足运行安全条件外，还需要满足配电网不停电作业人员作业时与带电导体以及横担、电杆、拉线等地电位之间最小安全距离要求。随着线路分段开关、新客户接入和其他线路辅助装置安装接入，架空配电线路的结构也是动态变化的，检修时的线路结构可能明显区别于安装时的线路结构，并且新建架空配电线路是停电安装的，同杆三回及以上架空配电线路、紧凑型导线排列的同杆双回路、同杆双回路转角杆、同杆双回路耐张杆等就难以适应配电网不停电作业开展。因此，适应配电网不停电作业的架空配电线路在规划设计时就应综合考虑未来架空配电线路检修的发展需要，充分考虑开展配电网不停电作业的安全需求，为日后配电网不停电作业创造有利条件。

1.3.3 安全距离差异

比较架空配电线路配电网不停电作业与停电作业，最大的差异主要体现在对安全距离的要求上。安全距离是指为了保证人身安全，作业人员与不同电位的物体之间所应保持各种最小空气间隙距离的总称，安全距离的大小决定了是否需要停电以及作业过程中是否有触电风险。由于传统停电施工检修作业的配电线路、设备是停电状态，并且根据《电力安全工作规程　电力线路部分》（GB 26859—2011）、《国家电网公司电力安全工作规程（配电部分）》《中国南方电网有限责任公司　电力安全工作规程》（Q/CSG 510001—2015）规定，凡与检修的 10kV 配电线路、设备相邻安全距离小于 0.35m 的运行线路及设备，或者大于 0.35m 小于 0.7m 且无绝缘遮蔽或安全遮栏措施的设备均需停电，因此停电作业人员在配电线路上开展作业时，一般无需考虑因安全距离不足而导致的触电风险，所以在传统配电架空线路设计时，仅需考虑满足必要的电气安全距离等即可，相间距离、多回路线间距离等相对较小，常有紧凑型线路设计。对于配电网不停电作业尤其是带电作业而言，由于作业时配电线路、设备等仍为带电状态，作业人员在作业过程中作业位置的动态变化如遮蔽不当极易造成与相邻导线或横担、电杆、拉线等接地体碰触，构成“相-相”“相-地”回路，引发触电。因此，配电网不停电作业对安全距离有着严格的要求，见表 1-2～表 1-4［引自《配电线路带电作业技术导则（GB/T 18857—2019）》7.1］。

需要指出的是，配电网不停电作业的安全距离与海拔高度有关，一般介绍的安全距离指海拔 3000m 及以下，海拔 3000～4500m 时需要修正安全距离，超过海拔 4500m 的安全距离不在本文讨论范围。

在配电线路上采用绝缘杆作业法时，人体与带电体的最小安全距离（不包括人体活动范围）应符合表 1-2 的规定。

表 1-2　　人体与带电体的最小安全距离

额定电压/kV	海拔 H/m	最小安全距离/m
10	$H \leqslant 3000$	0.4
	$3000 < H \leqslant 4500$	0.6
20	$H \leqslant 1000$	0.5

斗臂车的臂上金属部分在仰起、回转运动中，与带电体间的最小安全距离应符合表 1-3 的规定。

表 1-3　　斗臂车的臂上金属部分与带电体间的最小安全距离

额定电压/kV	海拔 H/m	最小安全距离/m
10	$H \leqslant 3000$	0.9
	$3000 < H \leqslant 4500$	1.1
20	$H \leqslant 1000$	1.0

带电升起、下落、左右移动导线等作业时，与被跨物间交叉、平行的最小安全距离

应符合表 1 - 4 的规定。

表 1 - 4　　移动导线作业时，与被跨物间交叉、平行的最小安全距离

额定电压/kV	海拔 H/m	最小安全距离/m
10	$H \leqslant 3000$	1.0
	$3000 < H \leqslant 4500$	1.2
20	$H \leqslant 1000$	1.1

由此可见，如果配电线路导线对地距离、相间距离等间距过小将会严重限制作业人员在作业区域的活动范围，影响不停电作业的安全开展。

1.4　不停电作业友好型配电网

1.4.1　不停电作业友好型配电网设计方案的必要性

不停电作业友好型架空配电线路是指按配电网不停电作业友好型设计的兼顾配电网停电检修及不停电检修的安全技术要求，并且更加适应配电网不停电作业的架空配电线路。传统的架空配电线路是按照停电检修作业设计的，多数按照传统设计的架空配电线路因配电网结构、杆位路径、杆头结构、设备安装位置及安装方式、防雷措施选择等各种因素并不完全适应配电网不停电作业开展，直接影响架空配电线路设备检修、消缺和安全隐患的及时消除，不能适应配电网不停电作业覆盖架空配电线路全业务、全地型、全作业方法开展，既影响供电可靠性，又影响配电网设备安全运行。按照不停电作业友好型设计的架空配电线路可以实现配电网不停电作业覆盖配电线路全业务、全地型、全作业方法开展，在提高供电可靠性的同时，又可及时消除配电设备安全隐患。

数十年来，国内供电企业长期以“停电检修”为核心思路，开展国内架空配电线路设计及建设。截至 2020 年年底，我国存量 10kV 架空配电线路长达四百多万千米，85%以上架设在农村地区。

在“停电检修设计—停电检修建设—停电检修运维”的配电网检修管理体系下，这些线路具有征地成本低廉、建设费用节约等优点，是“停电检修”体系下的“最优解”，这是停电检修时代的历史局限性。

当配电网检修管理从“停电检修运维”向“不停电检修运维”转型时，存量的配电网架空线路客观上均存在“停电检修设计—停电检修建设—不停电检修运维”的安全技术瓶颈，检修运维方式突然转型困难，即在“停电检修”技术基础体系下，符合停电设计、建设标准的配电网线路，直接生搬硬套以不停电作业为核心技术体系开展“不停电检修”技术运维，产生了“橘生淮南则为橘，生于淮北则为枳”的南辕北辙效应，大量早期建设的架空配电线路在不停电检修技术要求中，业已成为“技术基础体系天然缺陷”的畸形产物，在安全管理体系、运维技术经济、现场安全作业等方面均存在难以逾越的技术障碍，造成较多负面效应。

最关键、最直接的管理问题是在不停电检修管理模式下，大量配电网运维经费为停电设计"买单"。停电设计建设的配电网架空线路，往往在项目建设初期追求建设成本最小化。后期开展不停电作业检修时，往往因为前期的设计、建设技术缺陷，造成不停电检修方案复杂化，单次任务下数倍增加不停电作业运维检修费用，后期的运维检修费用累计远超前期节约部分，导致配电线路全生命周期综合成本不减反增。不停电作业友好型的架空配电线路配电网工程建设项目接入主网投产时，仅需进行单次带电接火即可完成项目的带电投产，产生带电作业工程费用约 1.2 万元；若无法满足不停电作业友好型的架空配电线路配电网工程建设项目接入主网投产时，在极端技术方案下则需综合使用带电立杆、带电作业直线杆改耐张杆、带电作业挂线、带电接火、延长支线至合理接火杆塔等多种综合技术方案后，方可完成投产，保守估计可产生约 5 万元带电作业工程费用，增加三倍的非必要运维成本。保守估计，单条线路全生命周期取 100 个作业点、检修点，因前期停电设计导致的后期不停电作业运维费增量为数百万元。

1.4.2 不停电作业友好型配电网设计的关键作用

坚持"人民至上、生命至上"，以不停电检修运维的安全技术要求为新的技术核心基因，围绕不停电检修重构配电网设计、建设的安全技术体系，打造"不停电检修设计—不停电检修建设—不停电检修运维"配电网"不停电检修"安全技术管理新链条，确保新建架空配电线路在"不停电检修"及"停电检修"管理模式下均满足安全要求。

第 2 章　配电网不停电作业架空配电线路典型设计优化

适应配电网不停电作业的架空配电线路，对保障配电网不停电作业的安全至关重要。目前按照《配电网工程通用设计　线路部分》设计建成的架空配电线路只有部分适应开展配电网不停电作业，尚有部分配电线路因配电网架、杆位路径、杆头结构等差异，导致带电体与带电体之间、带电体与地电位之间安全距离不满足配电网带电作业的最小安全距离，不适应开展架空配电线路全业务不停电作业。开展架空配电线路全业务不停电作业，需要建设配电网不停电作业友好型架空配电线路，按照架空配电线路不停电作业友好型设计，在《配电网工程通用设计　线路部分》基础上，通过合理调整杆头结构、科学优化设计等措施使其满足配电网不停电作业的安全要求。

本章介绍适应配电网不停电作业常见的架空配电线路不停电作业友好型设计优化，并详细介绍几种常见的设计优化方案。

2.1　配电网不停电作业友好型架空配电线路优化设计的要素

配电网基于停电检修设计的架空配电线路难以适应开展配电网不停电作业：①作业安全；②作业人身安全；③作业装备安全；④配电网运行安全；⑤作业遮蔽与作业效率。

配电网不停电作业友好型架空配电线路优化设计的要素包括但不限于配电网架、杆位路径、杆头结构、防雷措施、其他设施等，其中任一因素甚至多重因素叠加都直接影响配电网不停电作业开展。其中配电网架，包括架空配电线路同杆回路数、分段与联络、自动化水平、单线装机容量及负载电流等；杆位路径，包括绝缘斗臂车等特种作业车辆能到达作业位置与不能到达作业位置两种情况；杆头结构，包括不同杆型杆头结构、设备接入方式；防雷措施，包括采用避雷器、防雷绝缘子、放电间隙、耦合地线、避雷线等防雷措施；其他设施，包括拉线、金具等其他组成部分。架空配电线路网架结构直接决定供电可靠性，杆位路径决定作业车辆能否到达作业位置、直接影响采用的作业平台和作业方式，杆头结构决定作业空间和各种安全距离，以及作业能否开展，防雷措施决定能否采用配电网不停电作业来实施带电立（撤）杆、电杆移位、架空线入地等复杂作业项目，其他组成部分直接影响作业安全和作业效率。

2.1.1　配电网架

配电网供电可靠性取决于配电网架结构，配电自动化有效提高了供电可靠性，而采用配电网不停电作业技术实现配电网检修、消缺、配电网工程建设施工、业扩接电等全业务作业是基于配电网架和配电自动化基础上提高供电可靠性的有效手段。完善的配电网架和配电自动化需要大量的配电设备，由于架空配电线路运行环境复杂，长期承受污秽、雷击等自然现象的侵袭，配电设备故障多发，停电检修直接降低供电可靠性，采用配电网不停电作业技术开展架空配电线路设备检修、消缺及工程建设施工，可有效降低客户停电次数和停电时间。架空配电线路的网架结构对开展配电网不停电作业的安全至关重要，合理输送负荷电流也是保障作业安全的基础，具体体现如下：

一是部分作业项目需要通过局部停电来实现检修。如果作业回路满足“手拉手联络”下的“$N-1$”，实现负荷转移或电源的转供，那么通过倒闸操作即可实现不停电检修，客户的供电就可通过电源转供的形式实现作业回路的不停电或短时停电。

二是部分作业项目需要通过旁路来实现作业回路的客户不中断供电。通过旁路作业方式引入电源，虽然目前旁路电缆的额定电流有200A和400A，但旁路开关的额定电流一般为200A，因此通过旁路设备完成的不停电作业回路的负荷电流只能限制在200A；如果作业回路的电流大于200A，就需要限制作业回路的负荷电流。

三是合理地分段，可以实现通过旁路更换导线等作业。通过旁路更换长距离导线等作业，由于作业准备工作复杂，需要架设或铺设长距离旁路电缆、安装多个旁路电缆插拔头、旁路开关等，准备工作需要耗费大量人力、物力，延长作业时间，降低作业效率。合理地分段，控制耐张段距离，方便旁路更换导线等作业。

需要指出的是，配电网不停电作业不能消除配电网架自身固有的供电可靠性短板，但适应配电网不停电作业的架空配电线路，应用配电网不停电作业技术、采用配电网不停电作业可最大限度降低配电设备检修、消缺及工程建设施工给客户带来的停电影响。

2.1.2 杆位路径

架空配电线路的路径杆位，关系到绝缘斗臂车等特种作业车辆能否到达作业位置，直接影响采用的作业方法和作业项目的开展，决定能否采用绝缘手套作业法开展第三类、第四类复杂项目。

绝缘杆作业法与绝缘手套作业法相比，绝缘杆作业法的作业效率直接与带电作业绝缘操作工具和架空配电线路导线线夹金具是否匹配有关，同时绝缘杆作业法对作业人员操作技能要求高，由于带电作业绝缘操作工具研发相对缓慢，且现有带电作业绝缘操作工具的自身重量和操作便捷性仍不尽如人意，以及现有的带电作业绝缘操作工具与运行架空配电线路的线夹金具仍不能完全匹配，开展的绝缘杆作业法还不能完全满足架空配电线路全业务作业需要，目前一般在绝缘斗臂车不能到达作业位置的架空配电线路上才采用绝缘杆作业法。受限于目前绝缘杆作业法带电作业绝缘操作工具与导线线夹金具的发展，绝缘杆作业法的作业项目局限于简单作业内容和搭接、拆除引流线等，对于复杂作业项目和承受力较大的作业项目难以开展；简单作业项目的第二类绝缘手套作业法，虽然可以依托绝缘平台来实施，但是由于绝缘平台灵活性不如绝缘斗臂车，作业项目仍相当有限。如果绝缘斗臂车能够到达作业位置，采用绝缘手套作业法的作业面相对较宽，只要满足作业条件的作业项目均可实施，特别是复杂的绝缘手套作业项目，大多依赖绝缘斗臂车等特种作业车辆，因此在架空配电线路路径杆位勘察设计时，应优先考虑配电网不停电作业车辆进出方便，便于架空配电线路全业务、全项目开展不停电检修施工作业。

2.1.3 同杆回路数

同杆回路数量对应相导线的数量，关系到作业空间的大小，决定了作业能否开展，并直接影响作业安全。目前在《配电网工程通用设计　线路部分》中，对同杆架设回路数没有明确的规定和限制，同杆架设一般不超过两回，但架空配电线路廊道随着土地资源开发利用越来越紧张，为解决 110kV、220kV 变电所的 10kV、20kV 配电线路出线多的问题，同杆架设架空配电线路四回、六回、八回已经在局部地区出现，并有蔓延的态势。传统的架空配电线路在停电检修时，对同杆架设回路数没有明确的要求和限制。采用配电网不停电作业时，同杆回路数越多、相导线根数越多，作业人员穿越导线之间的作业难度就越大。同时，相导线根数越多，若导线采用水平排列，则带电作业时相导线之间需要的空间尺寸就越大，那么势必需要增加横担的长度；若导线采用垂直排列，则垂直横担之间需要保留的空间就越大，那么势必需要增加电杆的高度。而停电检修方式下的现有架空配电线路典型设计，除满足电气安全距离外，对同杆回路数没有过多要求，在架空配电线路廊道困难的地区，采取同杆多回路架设架空配电线路，为预防雷击引起同杆多回线路故障停电，采用架设避雷线的防雷保护方式，同杆回路数最多达到八回。适应配电网不停电作业的架空配电线路，理想的是单回架空配电线路，其次是同杆架设回路数不宜超过两回，同杆架设回路数越多，配电网不停电作业难度越大、安全风险越高。

如果绝缘斗臂车能到达作业位置，一般而言，单回配电线路能够满足配电网全业务不停电作业。受架空配电线路廊道限制，单回架空配电线路的比例已逐渐减少，只要不是紧凑型的单回线路直线杆，如果绝缘斗臂车能到达作业位置，基本可实现配电网全业务不停电作业。

如果绝缘斗臂车能到达作业位置，同杆双回架空线路的直线杆，导线排列采用双三角或双垂直对称排列方式，也基本可实现配电网全业务不停电作业。

同杆三回及以上架空配电线路比例提高较快，特别是同杆三回、四回甚至更多回等同杆多回线路的出现，严重制约线路空间结构，线间距离、上下层横担的距离也受到约束，导致在线路设备安装时出现接引线困难，一般不具备配电网不停电作业条件。如果绝缘斗臂车能到达作业位置，且水平线间、上下层横担满足绝缘斗臂车能自由穿越线路中间，那么直线杆可勉强开展架空配电线路全业务不停电作业。除此条件外，同杆三回及以上架空线路，即使线路设备安装时的接引线勉强接上，开展配电网不停电检修作业的空间也满足不了安全要求，无法开展配电网不停电检修。

2.1.4 杆头布置方式

在《配电网工程通用设计　线路部分》中，架空配电线路杆头结构主要有：导线三角排列、垂直排列、水平排列和混合排列等。对于传统的停电检修，同基杆塔的线路导体已经停电并挂接地线，杆头结构对检修没有影响，因此，在架空配电线路典型设计时，传统的停电检修方式对杆头结构没有特殊要求。对于配电网不停电作业，同基杆塔的同一回路线路各相导体均带电运行、不同回路的各相导体也带电运行，且带电运行导体与地电位的横担、电杆、拉线等之间距离又很小，作业的安全风险取决于带电导体与带电导体之间、带电导体与地电位的距离。

杆头结构不同，带电导体与带电导体之间、带电导体与地电位的距离不同。对于单回配电线路，因接线简单，导体与地电位的位置关系明确，配电网不停电作业的难度小、安全风险低。

同杆架设双回架空配电线路的直线杆，如采用导线双三角或双垂直对称排列，需要满足带电导体与带电导体之间、带电导体与地电位的最小安全距离，开展配电网不停电作业的难度小、安全风险低，可基本实现架空配电线路全业务的不停电作业。

同杆架设双回架空配电线路的耐张杆、终端杆，如采用导线双三角或双垂直对称排列，需要满足带电导体与带电导体之间、带电导体与地电位的最小安全距离，除撤（立）杆作业项目外，基本可开展架空配电线路多数项目的不停电作业。

同杆架设双回架空配电线路的转角杆、分支杆，如采用导线双三角或双垂直对称排列，可开展不受力学影响的架空配电线路简单消缺和搭拆引流线的不停电作业。

同杆架设三回及以上架空配电线路，除个别简单消缺作业外，一般不具备配电网不停电作业条件。

2.2 配电网架优化设计

架空配电线路网架结构，对开展配电网不停电作业的安全至关重要。目前按照《配电网工程通用设计　线路部分》设计建成的大部分单回路、部分同杆架设双回架空配电线路适应配电网不停电作业，尚有小部分单回路因单电源辐射式供电或双电源联络线路因单线负荷过电流接近满载而无法转供负荷、部分同杆双回架设架空配电线路因回路装接容量过大、线路少分段（甚至没有分段）及各种安全距离不满足配电网不停电作业的最小安全距离，而不适应开展配电网不停电作业。

本节重点介绍配电网架对供电可靠性影响及辐射式线路优化为多分段单联络、多分段单联络优化为多分段适度联络式、多分段适度联络式优化为多分段适度联络三双式、临时移动电源、旁路接入条件及辅助装置等几种常见配电网架接线及其设计或改造优化方案。

2.2.1 配电网架对供电可靠性的影响

配电网供电可靠性长期以来一直是电力企业和人们关注的焦点，配电网供电可靠性的范围很广、影响很大，完善的配电网结构对提高供电可靠性至关重要。

配电网供电可靠性是电力系统可靠性的一个重要组成部分，配电网直接面向工厂、企业、用户，越来越为人们所关注。一旦配电网系统设备发生故障或进行检修、试验，就会造成系统对用户供电的中断。配电网系统不间断运行对用户供电可靠性的影响最大，因此对配网网架结构进行分析，采取相应的技术措施，保持配电系统的连续供电，提高供电可靠性，具有十分重要的意义。

配电网架对供电可靠性的影响一般可以从网架结构裕度、网架结构抗毁性、网架结构坚强性三个方面进行评估。

配电网在运行中面临着持续的负荷增长，经历着不断变化的高低负荷，这一动态过程中的线路适应变化能力、承受能力与负荷裕度有着很大的关系。配电网网架结构裕度是整个配电网运行中各个支路、节点的功率和电压的约束标准。配电网网架结构做出调整和变化时，一般都需要进行裕度评估，计算配电线路的热极限、电压降极限和配电系统静态电压稳定性，配电网网架结构处于不同状态时有不同的裕度值，裕度评估是配电网网架对供电可靠性影响评估的重要组成部分。

配电网网架结构抗毁性评估是分析配电网网架结构的安全性及抵御破坏的能力，是评价配电网网架结构坚强性的重要指标。配电网网架结构抗毁性影响着整个配电网网架结构的稳定性和可靠性，配电网网架结构抗毁性分析至关重要。经过很多学者的调查研究发现，我国80%左右的停电事故均是由于配电网网架发生故障，故障发生原因和配电网网架结构疏松、抗毁能力较差有着直接关系。因此在配电网建设中不仅要考虑到经济性，更重要的是要考虑到配电网的安全性和抗毁性，避免配电网出现故障，造成停电事故。

配电网网架结构坚强性评估就是评估配电网网架结构的坚强度，配电网网架结构坚强度决定着单个负荷点供电裕度及负荷承载能力，影响着整个配电网络停电事故发生率及元件故障率。如果整个配电网网架结构坚强度达到一定标准，即使线路上的任意独立元件发生故障或被切除，依然不会对其他线路造成影响，也不会导致线路跳闸或停电，并不会引起整个配电网络的崩溃。配电网络实际运行中的变动都需要以网架结构坚强度为依据。配电网网架结构坚强度评估是验证配电网网架结构坚强性评估有效性的重要手段。

架空配电线路目前采取的网架供电模式主要有辐射式、多分段单联络式、多分段适度联络式、多分段适度联络三双式。下面从网架结构裕度、网架结构抗毁性、网架结构坚强性三个方面进行分析。

单电源辐射接线的配电线路短，投资小，新增负荷时连接比较方便。优点是比较经济，缺点是故障影响范围大、时间长，网架结构裕度较小。这种简单的接线模式忽略了线路的备用容量，每条出线（主干线）都是满载运行，出现故障时无法进行负荷转移。特别当母线出现故障时全线客户受影响，母线的平均修复时间就是平均停运时间。另外在正常运行时断路器出现跳闸等故障的情况很少，最有可能出现需要跳闸时断路器拒动故障，因此这种故障也应予以考虑。同时当线路首端受到外力破坏时，外力破坏故障的修复时间就是线路停运时间，网架结构抗毁性差。

除辐射式外，多分段单联络式、多分段适度联络式以及多分段适度联络三双式均具备 $N-1$ 的条件，但多分段适度联络式的互供互转能力要高于多分段单联络式。多分段单联络式取自同一变电所的两段母线或不同变电所构成不同环式接线方式。该接线形式因为有两个电源，所以采用开环运行方式。其运行方式灵活，供电可靠性较高。在正常运行时，每条线路留有50%的裕量。但由于自动化使用较少，线路或设备一旦发生故障，需运行维护人员到现场操作实现负荷转供，使得停电时间较长，网架结构坚强性不足。

多分段适度联络式、多分段适度联络三双式可实现4条线路的互供互转，以JKLYJ-240导线计算，多分段单联络总供电能力为8.18MW，多分段适度联络式、多分段适度联络三双式总供电能力为16.36MW。采用分段联络接线提高供电可靠性方法是在干线上加装分段开关把每条线路进行分段，用联络线来连接线路。故障出现在任何一段线路时，不会影响到其他段线路的正常供电，从而缩小故障范围。与环网结构相比，优点是分段联络的接线方法提高了馈线的利用率，缺点是由于需要建立联络线在线路之间，线路投资加大，且线路需要留有一定备用容量。整体来说多分段适度联络三双式的网架结构裕度、网架结构抗毁性、网架结构坚强性从电源侧到客户端的全线节点都是最高的。

提高供电可靠性的重点应该放在配电网的网络结构上。在对配电网络结构改造的基础上，提高线路的绝缘水平，增加分段开关和电源点，减少故障的发生率，实现整个配电网的网络结构循环。虽然现在正进行着配电网架结构的改造，但由于历史的原因，在短时间内，配电网架结构不可能一步到位推倒重构，在现有的基础之上，依据规划水平年的负荷密度、负荷等级与行政区域的重要程度，也可根据经济发展水平、客户重要程度、用电水平、GDP等因素，对供电区域进行分类划分，采用不同的供电可靠性要求去建设。依据Q/GDW1738《配电网规划设计技术导则》，供电区域可划分为A+、A、B、C、D、E类供电网格，按网格设定供电可靠率和目标电压合格率（表2-1），结合线路地域、网格基本状况及新建变电所、配电线路、台区、配电变压器，提出以下网架优化方案：《配电网规划设计技术导则》统筹各地配电网协调发展，按供电可靠性需求和负荷重要程度，辅以负荷密度将供电区域进行细分。其中：A+类供电区域主要为直辖市的市中心区以及省会城市（计划单列市）的高负荷密度区；A类供电区域主要为省会城市（计划单列市）的市中心区、直辖市的市区以及地级市的高负荷密度区；B类供电区域主要为地级市的市中心区、省会城市（计划单列市）的市区，以及经济发达的县城；C类供电区域主要为县城、地级市的市区以及经济发达的中心城镇；D类供电区域主要为县城、城镇以外的乡村、农林场；E类供电区域主要为人烟稀少的农牧区。

表 2-1　　各类供电区域的规划目标

供电区域	供电可靠率（RS-1）	目标电压合格率
A+	客户年平均停电时间不超过 5min（≥99.999%）	≥99.99%
A	客户年平均停电时间不超过 52min（≥99.990%）	≥99.97%
B	客户年平均停电时间不超过 3h（≥99.965%）	≥99.95%
C	客户年平均停电时间不超过 12h（≥99.863%）	≥98.79%
D	客户年平均停电时间不超过 24h（≥99.726%）	≥97.00%
E	不低于向社会承诺的指标	不低于向社会承诺的指标

具体优化方案如下：

优化方案一：辐射式线路优化为多分段单联络

1. 适用供电网格

C类供电网格和D类供电网格。

2. 优化前基本情况

目前C类供电网格和D类供电网格在部分区域还存在单辐射式线路，当线路负荷电流大于200A时，将超出国内大多数单位配置的旁路设备额定电流，无法进行旁路作业，当线路首端需要检修时，单辐射线路由于负荷无法转供，后段负荷将停电。常见的单辐射式线路接线示意图如图 2-1 所示。

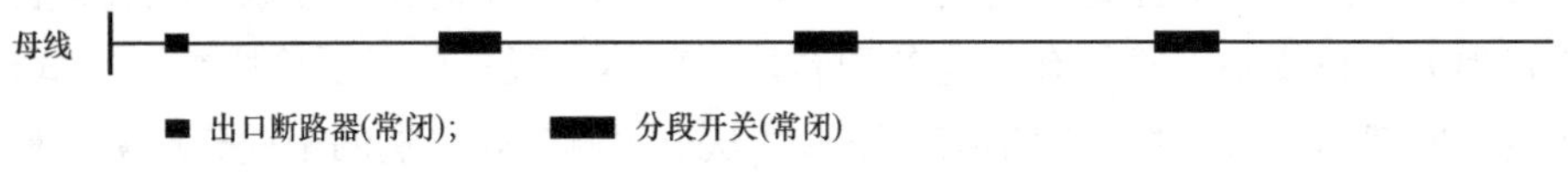

图 2-1　单辐射式线路接线示意图

3. 优化后情况

在新增变电站布点设计配套架空出线时，应优先将原有单辐射式线路与新出线路手拉手，在新出线路与原有单辐射线路间设联络开关（常开），并合理调整新出线路和原有单辐射线路的分段点，设分段开关。根据用电性质和线路长度将线路分成3～6段，每段的负荷不超过2MW，每段的容量控制在1600～3200kV·A，按每台配电变压器容量200～400kV·A估算，原则上每段的配电变压器不超过10台，形成多分段单联络接线模式，示意图如图 2-2 所示。

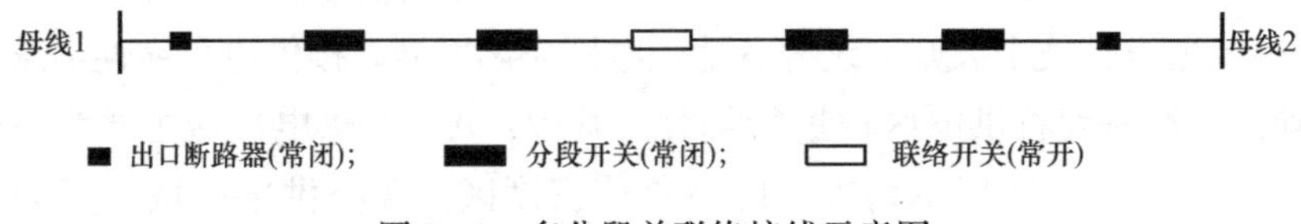

图 2-2　多分段单联络接线示意图

4. 改造原则

优化后的设计遵守《供配电系统设计规范》（GB 50052—2009）、《10kV及以下架空配电线路设计规范》（DL/T 5220—2021）等相关规程规定。

5. 经济成本分析

该方案的主要成本在于联络开关、分段开关的增设或调整位置，按最大 6 段估算，增设 5 台柱上开关及装置调整，每处预计 4 万元，总成本约 20 万元，形成联络后线路可实现故障情况下的 $N-1$，其产生的经济效益为非故障段的快速恢复供电产生的效益，以首端故障状态，按全国平均电价 0.658 8 元/kW·h 估算，线路故障隔离检修时可产生 0.449 万元/h 的多供电量经济效益。

6. 该方案对配电网不停电作业的提升成效

传统的停电检修作业方式下，辐射式线路发生线路设备故障时，需断开故障设备的上级开关或上级熔断器，为修复故障设备隔离出检修区域，将引起自故障设备的上级开关后段线路全部停电，产生的停电时户数为故障修复时间乘以故障设备的上级开关后段线路上的所有客户数；如果是单辐射式线路电源点母线故障，将引起线路全线停电。单辐射式线路优化为多分段单联络接线模式后，当线路任一线段发生故障时可将故障范围控制的线段内，其他线段可快速恢复供电。

传统的停电检修作业方式下，辐射式线路计划检修、消缺、配网工程改造，需检修区域的上级开关或上级熔断器为检修作业隔离出检修区域，将引起自检修区域的上级开关或上级熔断器后段线路全部停电，产生的停电时户数为计划检修时间乘以检修区域的上级开关或上级熔断器后段线路上的所有客户数；单辐射式线路优化为多分段单联络接线模式后，计划检修时可将停电范围控制在一个线段内，检修区域外的线路后段可通过手拉手的单联络线路返电供电；对单一线段内的受影响客户，因客户数可控，可采用临时取电、低压发电车、小型低压发电机等临时电源应急供电，可有效提高供电可靠性。该方案可在区域新增变电所布点时推广，并适用于农村地区。

传统的停电检修作业方式下，辐射式线路配合政府工程迁移配电线路杆线、客户接入等配网全业务因为电源点单一迁移方案和接入方案将只有唯一选择，单辐射式线路优化为多分段单联络接线模式后，迁移方案和接入方案将有优化空间，结合联络点位置可尽量选择停电时户数少的方案。

7. 改造优化成果

提升 C 类供电网格和 D 类供电网格的供电可靠性，缩短户均年停电时间，提升电压合格率。依据某省公司 10kV 配电网典型供电模式相关技术规范，C 类和 D 类供电可靠性和目标电压合格率见表 2-2。

表 2-2　C 类和 D 类供电网的供电可靠性和电压合格率

供电区域	网架模式	目标供电可靠性	目标电压合格率
C	辐射式、多分段单联络、多分段适度联络式、单环式	户均年停电时间不超过 9h (≥99.897%)	99.50%
D	辐射式、多分段单联络	户均年停电时间不超过 15h (≥99.828%)	99.20%

优化方案二：多分段单联络优化为多分段适度联络式

1. 适用供电网格

B类供电网格。

2. 优化前基本情况

目前B类供电网格大量存在多分段单联络式线路，当手拉手的两条线路均需检修时将出现不满足 $N-1$ 的情况。常见的多分段单联络式线路接线示意图（优化前）如图2-3所示。

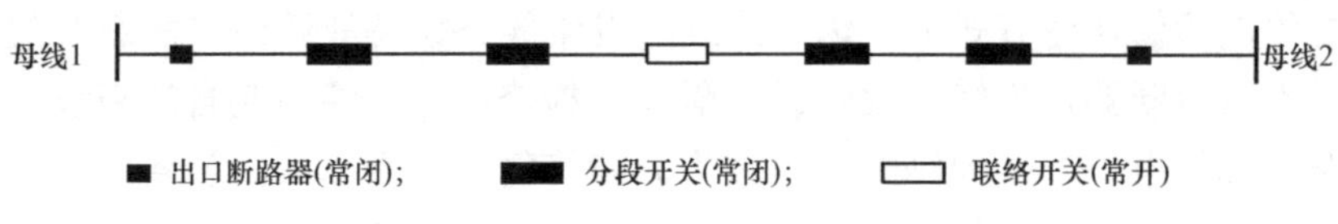

图2-3　多分段单联络式线路接线示意图（优化前）

3. 优化后情况

四条地域上相邻的架空线路，在原有手拉手的网架基础上，均匀划分供电半径后，合理调整线路分段点，每段的负荷不超过2MW，每段容量控制在1600～3200kV·A，每段计入户数不超过10户，选择合适的点位将两对手拉手线路进行加强联络，正常运行时联络开关为常开，接线示意图（优化后）如图2-4所示。

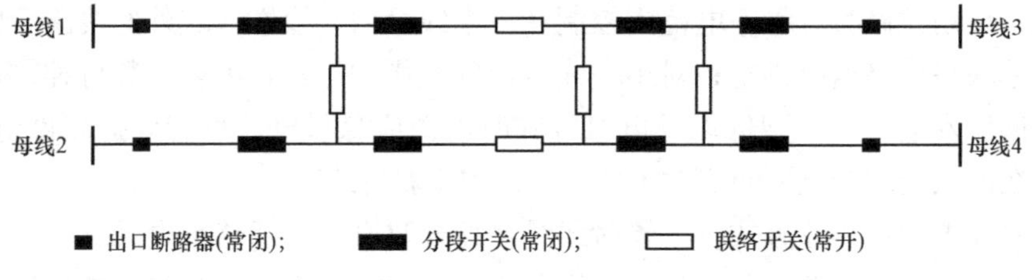

图2-4　加强型手拉手线路接线示意图（优化后）

4. 改造原则

优化后的设计遵守《供配电系统设计规范》（GB 50052—2009）、《10kV及以下架空配电线路设计规范》（DL/T5220—2021）等相关规程规定。

5. 经济成本分析

该方案的主要成本在于增设线路间联络开关、分段开关的调整位置，按最大6段估算，增设3台柱上开关及装置调整，每处预计4万元，总成本约12万元，形成联络后线路可实现任意两条母线故障情况下的 $N-1$，其产生的经济效益为非故障段的快速恢复供电产生的效益，以首端故障状态，按全国平均电价0.658 8元/kW·h时估算，线路故障隔离检修时可产生0.898万元/h的多供电量经济效益。

6. 该方案对不停电作业的提升成效

传统的停电检修作业方式下，多分段单联络式线路发生线路设备故障、线路计划检修、消缺、配电网工程改造，最小的隔离区间是断开故障或检修区域的两侧上级断路器或上级熔断器，为修复停电区域隔离出检修区域，停电的范围为故障设备的两侧上级断路器之间的线路，产生的停电时户数为检修时间乘以两侧上级断路器之间的线路上的所有客户数；若实际线路运行在负荷密集区时，联络线路的转供能力有限，如果检修区域发生在线路前段，因线路负荷限制将不得不扩大停电范围至两个线段或三个线段，实际的停电时户数为各停电线段上的客户总数乘以故障修复时间；多分段单联络式线路优化为分段适度联络式模式后，转供能力增强，当线路任一线段发生故障时可有两条转供通道选择，降低因无法转供而引起的停电范围扩大情况的发生。

传统的停电检修作业方式下，多分段单联络式线路配合政府工程迁移配电线路杆线、客户接入等配电网业务，如果迁改需求发生在负荷密集区域，由于负荷实际上只能部分转供，电源点迁移方案和接入方案将受到转供限额的束缚，迁改割接的合理性将打折扣，那么新增客户接入方案必须考虑超容引起联络线路转供能力的下降。多分段单联络式线路优化为分段适度联络式模式后，迁移方案和接入方案将有优化空间，结合联络点位置可考虑均分各段负荷分布的方案。

由于各线段的负荷可在四条线路间灵活转移，可灵活调节单一作业点的负荷电流，便于带负荷不停电作业时引流线或旁路电缆的适配，便于采用临时取电、低压发电车、小型低压发电机等临时电源应急供电。该方案可在网架结构优化和补强时推广，适用于农村地区、城乡接合地区。

7. 改造优化成果

提升 B 类供电网格的供电可靠性，缩短户均年停电时间，提升电压合格率，见表 2-3。

表 2-3 B 类供电网格的目标供电可靠性和电压合格率

供电区域	网架模式	目标供电可靠性	目标电压合格率
B	多分段单联络式、多分段适度联络式、单环式、双环式	户均年停电时间不超过 3h（≥99.965%）	100%

优化方案三：多分段适度联络式优化为多分段适度联络三双式

1. 适用供电网格

A 类供电网格。

2. 优化前基本情况

目前 A 类供电网格的架空线路以多分段适度联络线路为主，主线线路任一线段或任一母线发生故障时可将故障范围控制在线段内，其他线段可快速恢复供电，但故障段的客户出现不满足 $N-1$ 的情况。常见的多分段适度联络式线路接线示意图（优化前）如图 2-5 所示。

3. 优化后情况

客户侧进线按两路电源设计，分别取自不同线路、不同分段线段，在客户侧设双头切换开关，正常运行时由一条线路主供，另外一条线路备供，接线示意图（优化后）如图 2-6 所示。

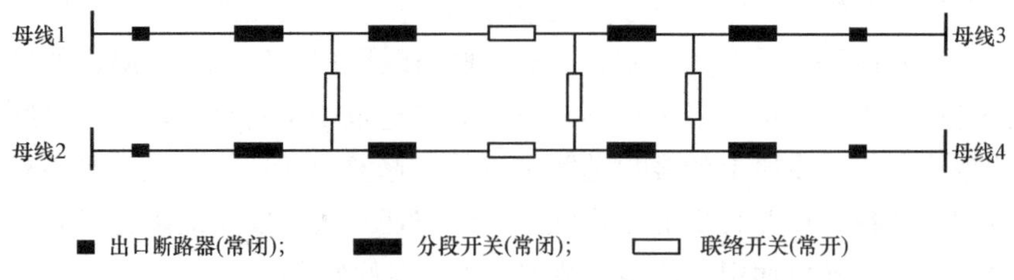

图 2-5　多分段适度联络式线路接线示意图（优化前）

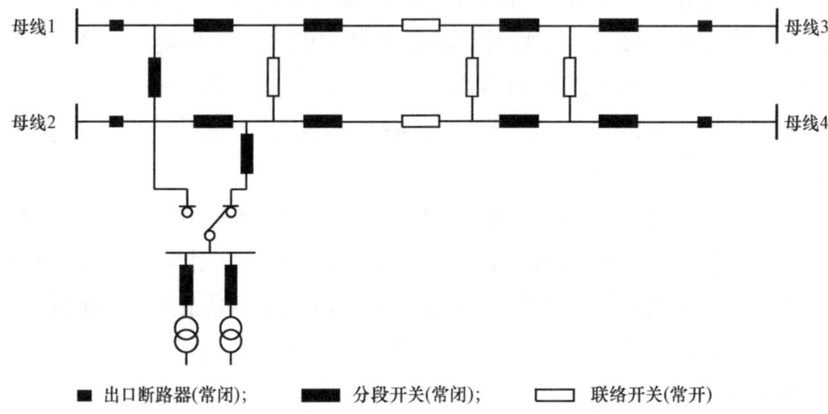

图 2-6　两路电源主备供电接线示意图（优化后）

4. 改造原则

优化后的设计遵守《供配电系统设计规范》（GB 50052—2009）、《10kV 及以下架空配电线路设计规范》（DL/T 5220—2021）等相关规程规定。

5. 经济成本分析

该方案的主要成本在于增加了一条客户进线，进线投资成本增加 1 倍，其产生的经济效益为客户侧不间断供电产生的效益。

6. 该方案对不停电作业的提升成效

传统的停电检修作业方式下，多分段适度联络式线路发生线路设备故障时，最小的隔离区间是断开故障设备的两侧上级断路器或上级熔断器，为修复故障设备隔离出检修区域，停电的范围为故障设备的两侧上级断路器之间的线路，产生的停电时户数为故障修复时间乘以故障设备的两侧上级断路器之间的线路上的所有客户数；多分段适度联络式优化为多分段适度联络三双式或双环式后，由于故障隔离段客户可以选择从备供线路临时供电，在客户侧安装有备自投装置的情况下，理论上可以做到外部线路故障的同时客户不停电。

多分段适度联络式优化为多分段适度联络三双式或双环式后，由于客户侧负荷可转移，可实现线路检修客户不停电，同时在开展不停电作业时可节省保电的投入和保电装备的配置。该方案可在重要客户接入网架时推广，适用于城市地区、重要敏感客户，以及对持续可靠供电有特殊要求的客户。

7. 改造优化成果

提升A+、A类供电网格的供电可靠性，缩短户均年停电时间，提升电压合格率，见表2-4。

表2-4　A+、A类供电网格的目标供电可靠性和电压合格率

供电区域	网架模式	目标供电可靠性	目标电压合格率
A+	双环式、双环三双式、扩展型双环三双式、多分段适度联络三双式	户均年停电时间不超过5min（≥99.999%）	100%
A	单环式、双环式、多分段适度联络	户均年停电时间不超过52min（≥99.990%）	100%

2.2.2 临时移动电源、旁路接入条件及辅助装置设计

传统的停电检修作业方式下，当发生线路设备故障，在客户侧没有双电源的情况下，不论外部线路采取何种接线方式，故障段线路挂接的客户必须停电，加装临时移动电源、旁路接入条件及辅助装置接入后，故障抢修的流程将调整为故障隔离、客户快速复电、故障点抢修、客户临时电源退出、线路恢复供电等几个环节，客户侧停电的时长将大幅度缩短。

目前，常见的临时0.4kV移动电源主要有手提便携式汽油发电机（1～2kW）、推车式柴油发电机（5～10kW）、拖挂车式柴油发电机（10～100kW）、移动发电车（100～400kW）、储能车（500kW·h）。10kV移动电源主要有1000～4200kW中压发电车、1000kW升压发电车，部分配备同期并网或失电压检测装置的发电机组具备不停电旁路接入的条件，可以实现网电和油机快速切换。

具体优化方案如下：

优化方案一：已有低压发电车的快捷并网改造设计

1. 适用供电网格

需要移动发电车（100～400kW）保电的C类、D类及以上网格。

2. 优化前基本情况

大部分发电机组没有配备同期并网装置，需要采取短时停电的方式接入，退出时还需再停电一次，存在两次停电。

3. 优化后情况

在现有的0.4kV应急发电车上设计加装无感知快速接入装置，加装带电动操作机构的塑壳断路器和部分继电器逻辑控制电路，并加装系统控制柜，可实现客户侧无感知不间断供电。对0.4kV发电车的低压柔性电缆终端进行改造，把发电车接入侧改成可快速连接的电缆插拔终端，实现快速连接和带电插拔；把低压柔性电缆另一侧改造成具备“一转三”的可更换快速连接终端，实现接线柱、铜排、架空线等多种设备上的停电或带电安装。

4. 该方案对不停电作业的提升成效

减少应急发电、保电投入和退出过程中的两次停电现象，缩短保电接入和退出的作业时间，提升不停电作业的客户感知和作业效率。

5. 改造优化成果

加装无感知快速接入装置和“一转三”可更换快速连接终端的低压发电车如图 2-7 所示。

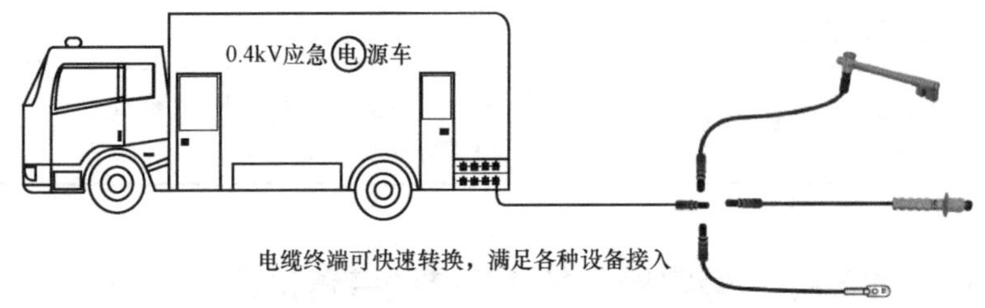

图 2-7　加装无感知快速接入装置和“一转三”可更换快速连接终端的低压应急发电车

在利用已有低压发电车进行改造的同时，建议新配置的低压移动发电车（100～400kW）应具备二次同期并网功能，其结构示意图如图 2-8 所示。

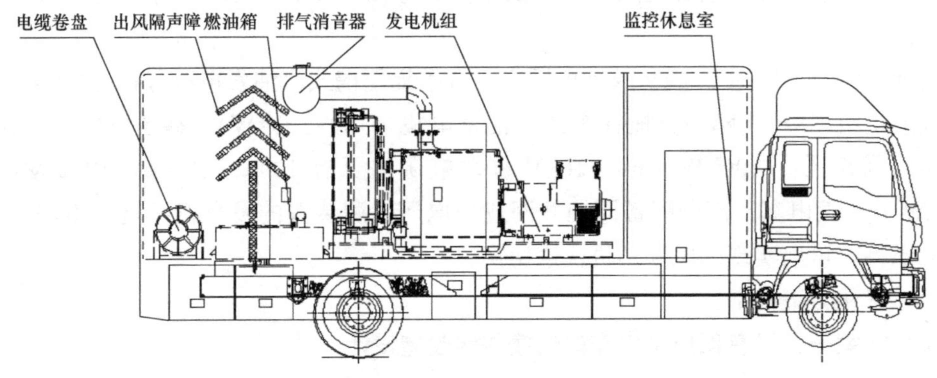

图 2-8　具备二次同期并网功能的低压应急发电车结构示意图

低压发电车随车的发电机组一般应为原装进口发动机、发电机、控制屏，机组控制屏能监测机组的运行状态（三相线电压、三相电流、频率、有功功率、无功功率、逆功率、电压差及频率差、运行时间、水温、油压、蓄电池电压）；能实时显示机组运行参数；具备系统实时报警（具有高水温、低油压、超速/低速、过电压/低电压、三相不平衡、过电流、逆功率、紧急停机、充电故障等保护性能及故障指示），输出连接装置宜采用两路（一路为快速连接器，另一路为铜排）满功率输出；快速连接器宜两组并联，每组四个插头以颜色区分，每组插头可承载 300kW 功率，应带防鼠结构，电缆连接后可以关闭车门实现全封闭作业，电缆卷盘宜采用底盘取力，液压动力，可以实现单盘或多盘同时收放；卷盘应按相序颜色进行标记，电缆分类存放，可以实现电缆快速区分，收放使用。

在优化临时移动电源端的同时，要达到快速复电或无停电感知接入的目标，对于临时移动电源、旁路接入条件及辅助装置，还需要在接入端进线优化，需要设计低压发电车无感知快速接入装置，对接入端的装置进行优化。

优化方案二：杆上变压器台快速保电接入装置改造

1. 适用供电网格

需要低压移动发电车（100～400kW）保电的杆上变压器台，适用C、D类网格。

2. 优化前基本情况

目前，杆上变压器综合箱、低压开关箱基本上均按紧凑型结构设计，较少考虑预留接入位置，临时移动电源的接入大部分采取短时停电搭接到铜排进线端的方式。

3. 该方案对不停电作业的提升成效

优化方案一为对现有的杆上综合箱进线优化，增设保电接入快插口和空气断路器。优化方案二为在变压器台架杆上增设专用保电接入快插箱，箱体电气接线通过短电缆与杆上综合箱连接，箱内配备隔离开关或空气断路器，也可以在专用保电接入快插箱内预留公用变压器终端快速安装位置，同时优化公用变压器终端的进出线接线柱结构，采取卡簧式或快插式接线柱，同时实现保电电源的快速接入及公用变压器终端等计量装置的快速转移。

4. 改造优化成果

优化方案一的改进过程中可形成具备快速接入功能的一体化杆上综合箱实物化创新成果，成果转化后具备推广价值。优化方案二的改进过程中可形成单体式具备快速接入和计量功能的杆上快接箱实物化创新成果和插拔式公用变压器终端实物化创新成果，成果转化后具备推广价值。

优化方案三：箱式变电器快速保电接入装置改造

1. 适用供电网格

需要低压移动发电车（100～400kW）保电的箱式变电器，适用于B类及以上供电网格。

2. 优化前基本情况

目前，箱式变电器整体上高压室、变压器室、低压室三个仓均按紧凑型结构设计，且在大框架上三个仓是一个整体框架结构，需要更换或增容箱式变电器时三个仓都必须改检修，由于低压出线基本上都是放射形线路，低压陪停时间较长。

3. 优化后情况

优化方式为在现有箱式变电器设计时增加一个分体式的保电联络箱，保电联络箱内设接入快插口和空气断路器，箱体内部接线按两路进线、四路出线设计，两路进线采用双头隔离开关进线切换，设明显断开点，一路进线由箱式变电器引出接入，另外一路进线设置为快插接口，由临时移动电源引入，四路出线接出线负荷，也可以在保电接联络箱内预留公用变压器终端快速安装位置，同时优化公用变压器终端的进出线接线柱结构，采取卡簧式或快插式接线柱，同时实现保电电源的快速接入及公用变压器终端等计量装置的快速转移。此箱式变压器可结合此设计方案，简化低压出线开关配置，缩小箱式变压器体积。

4. 该方案对不停电作业的提升成效

当需要更换或增容箱变时，可实现缩短保电接入和退出的作业时间，提升不停电作业的客户感知和作业效率，同时可实现公用变压器终端的快速转移，实现保电电量可计量。

5. 改造优化成果

改进过程中可形成具备快速接入功能的箱式变压器低压联络箱实物化创新成果，成果转化后具备推广价值。

2.3 杆位路径优化设计

架空配电线路杆位路径，直接关系到能否开展配电网不停电作业。目前，按照《配电网工程通用设计　线路部分》设计的杆位路径基本以线路最短路径为首选，不会关注特种作业车辆能否到达线路杆位位置，建成的部分架空配电线路满足特种作业车辆能够到达线路杆位位置，适应开展配电网不停电作业，尚有部分架空配电线路因特种作业车辆不能到达线路杆位位置，无法开展复杂的配电网不停电作业项目而导致架空配电线路不能完全适应配电网不停电作业全业务开展，影响采用配电网不停电作业常态化开展架空配电线路检修。本节重点介绍架空配电线路杆位路径选择及设计优化方案。

我国地域辽阔，陆地表面存在各种各样的形态，按其形态可分为平原、高原、山地、丘陵、盆地五种类型。地形是内力和外力共同作用的结果，它时刻在变化着。此外，还有受外力作用而形成的河流、三角洲、瀑布、湖泊、沙漠等。我国的配电线路分布在各种地形环境下，目前所建成的电力线路数量级已经巨大，通过对这些已经建成的配电线路长期运行可以发现，许多线路在不同的地形条件下杆位路径的选择上存在较大的缺陷，这些缺陷降低了配电运维检修的效率，因此，在实际的电力线路建设过程中，杆位路径选择至关重要。在传统的停电检修作业方式下，杆位路径选择分析及设计主要依据《10kV及以下架空配电线路设计规范》（DL/T 5220—2021），规程规定的路径选择主要从运行、施工、交通条件、路径长度、城市规划，避开低洼地段、少占农田、避开易燃易爆设施等几个方面综合统筹进行优选，没有考虑采用配电网不停电作业技术开展线路检修施工的要求，因此为方便常态化采用配电网不停电作业技术开展线路检修施工，在架空配电线路具体线路路径设计选择时需在遵循设计规范基本原则的基础上，应充分考虑采用配电网不停电作业技术开展线路检修施工的需求，统筹优化线路路径。

架空配电线路路径优化一般分为两大部分，首先是在图上选线操作，其次是野外选线。图上选线就是通过对要架设地域的实际环境和地质情况等方面进行深入的调查和勘探，将收集的资料进行汇总分析，把要设计线路所在地域的地形地貌画在画板上，这一地形地貌图与实际的比例一般是 1∶5000、1∶10000 或者是更大的比例。在图上选线时要先将配电线路的起止位置在画板上标识出来，然后根据地形地貌将一切可能的路径绘制在画板上，这样就形成了多个不同的路径方案。通过收集到的该地域的相关资料，结合配电线路网架、负荷转移需要及采用配电网不停电作业技术开展线路检修施工的需要，对这些路径进行比较分析，确定出几个比较理想的路径初步设计方案，并对这些方案进行技术和经济比较，通过初步设计方案评审，选出一个更为合理的图上选线方案。

选线在绘制路径图时，不可能将所有的地形地貌都绘制到地图上，在地形图上绘制的内容也会与实际的地形、地貌有所不同。并且绘制时，由于绘制的时间可能较长，绘制地域的建筑也可能会与原本调查的不同。因此，在绘制完线路初步路径后，还必须针对所绘制的杆位路径进行野外的勘察，目的是核对选线方案，辨识施工的地域交通运输是否方便，不停电作业用绝缘斗臂车是否有通行道路，保电用大型发电车、中型发电机组能否顺利运输。目前常用作业车辆尺寸参数和作业半径见表2-5。

表2-5　常用作业车尺寸参数和作业半径

车辆种类	转弯半径/m	车高/m	车宽/m	车长/m	作业半径/m
中压1000kW发电车	11	4	2.55	12	30
中压2000kW发电拖车	11.9	4	2.55	16.64	30
低压400kW发电车	10	3.67	2.55	9.87	50
直伸臂斗臂车	6	3.67	2.25	6.995	18.8
折叠臂斗臂车	7.5	3.96	2.50	8.65	20.6
移动箱变车	7.7	3.25	2.35	7.7	30
移动布缆车	7.5	3.25	2.30	7.3	50

户外选线时应结合作业车辆的转弯半径和车辆长、宽、高以及车辆的作业半径进行比对勘察，在满足作业车辆行驶、停放、作业范围的情况下选定线路路径，绘制线路路径在具体的施工区域，并且埋设好相关的标志，以便以后的勘察，并通过实地勘察，确认图上选线的合理性。如通过户外选线发现图上选线不合理，应及时调整图上选线方案。路径的选择工作关系着施工的经济投入和后期的运行维护，因此，设计人员必须认真对待，设计出最佳的路径方案。在路径的选线操作中一般遵循的原则是转角少、跨度小、占地少、拆迁少，尽量少砍伐树木、不影响交通运输，并且在选择线路路径时，在平原地区线路路径最好是沿道路附近，在山区线路路径最好是选择坡度较缓的山脚或丘陵地带。

线路路径确定后，可以开展杆位选择，在设定好的路径上进行定线测绘，并且在图上配置好杆塔的位置，称之为杆塔的定位。杆塔的定位操作是电力线路工程中一个十分重要的环节，关乎着线路的正常运行以及后期的维护和配电的安全。杆位定位也分为室内定位和室外定位，是杆塔定位常见的两种操作形式。

室内定位就是在室内用模型对杆塔的位置进行模拟布置；杆塔的定位操作十分重要，因为它关系着电力线路工程的投资以及后期配电的安全和稳定。在对杆塔进行定位时，室内的定位操作一般应该注意以下几种情况：一是在任何天气下架设的导线都不会对地面造成影响，即需要校验最大弧垂工况下导线对地的安全距离，校验导线风偏后对地、物的安全距离；二是杆塔在山地进行定位时，要对直线杆塔进行上拔校验，对耐张绝缘子进行倒挂校验；三是杆塔尽可能地避免在陡坡处定位，若无可避免则要考虑其地基有没有可能会被雨水冲塌的风险。四是对杆塔进行拉线定位时，应该注意拉线的位置要尽量避免打在交通流量密集点，减少运行中可能的外力破坏因素。在完成了杆塔的室内定位操作后，要进行的就是对杆塔进行室外的定位。

室外定位则是将室内布置好的杆塔位置在野外进行校正，并用一定的标桩标定下来，由于室内的定位已经对杆塔的形式以及杆塔的位置设计好，那要做的就是在现场对杆塔位置进行桩定，室内定位操作在一个比例很小的地图上进行，杆塔周围具体的地形地质状况就很难具体地反映出来，因此，在室外定位时，需要重新对立杆现场的地形地貌进行勘测核对，核实室内定位的杆塔是否能在该处立杆，核实不停电作业用绝缘斗臂车能否在作业半径内实现对定位的耐张杆塔、转角杆塔等关键杆塔开展检修，核实不停电作业用绝缘斗臂车能否在作业半径内实现对大部分客户的接入点杆塔开展检修，核实保电用的中压发电车能否到达开关杆的位置附近并在中压电缆的长度覆盖范围内，在山地尤其要核实中压发电车有没有通行的道路，沿线道路转弯半径是否足够，核实低压发电车能否到达变压器台区杆位附近并在低压电缆的长度覆盖范围内，如果不满足就要对杆塔的位置进行相应的调整。对于实现不停电检修需要使用的装备，设计人员应加强了解，尤其是最常用的绝缘斗臂车，目前南方地区使用频率最高的直伸臂式绝缘斗臂车具有直伸臂臂架结构（无下臂）、斗提升和多关节绝缘拐臂组合，易快速定位，高效灵活，能较好地跨越复杂线路障碍，具有集中型上/下部操作，集成支腿、上装及发动机控制于一体，支腿操作智能，自动检测适应不平路面，各支腿自动伸/缩到位，避免出现收/伸车严重倾斜现象，具有多级支腿跨距，具有全缩、全伸、单边三种支腿分级方式，主要参数见表 2-6。

表 2-6　　直伸臂式绝缘斗臂车主要参数

序号	项目	单位	参数
1	额定电压（GB/T 9465—2018《高空作业》）	kV	35
2	工作平台额定载荷	kg	280
3	最大作业高度	m	18.8
4	最大作业高度时作业幅度	m	5
5	最大作业幅度	m	≥12（100kg）、≥11（280kg）
6	最大作业幅度时作业高度	m	5
7	工作平台回转	°	±90
8	曲臂回转	°	±100（绝缘拐臂）
9	平台提升高度	m	0.6

续表

序号	项目	单位	参数
10	最大起吊重量	kg	490
11	支腿跨距横向	mm	2090～3800
12	支腿跨距纵向	mm	4200
13	平台起落时间	s	80≤t≤120
14	臂架回转速度	s/r	100≤t≤120
15	支腿收放时间	s	≤50

目前，北方地区使用频率最高的混合臂式绝缘斗臂车，采用折叠加伸缩工作臂的结构，兼具折叠臂和伸缩臂车型的优点，可以方便地找准空中工作位置，提高工作效率，同时具有跨越空中障碍能力强的优点，绝缘臂上端预置 1m 有效绝缘段，在伸缩臂全缩状态即可满足 10kV 带电作业安全，支腿电控操作具有一键车身自动调平功能，每条支腿可单独调整，方便应付各种复杂工况，主要参数见表 2 - 7。

表 2 - 7　　　　混合臂式绝缘斗臂车主要参数

序号	项目	单位	参数
1	额定电压（GB/T 9465—2018《高空作业》）	kV	35
2	工作平台额定载荷	kg	280
3	最大作业高度	m	20+0.6（有斗提升）
4	最大作业高度时作业幅度	m	3.6
5	最大作业幅度	m	12.5
6	最大作业幅度时作业高度	m	9.9+0.6（有斗提升）
7	工作平台回转	(°)	±90
8	最大起吊重量	kg	450
9	支腿跨距横向	mm	前 3730/后 4000
10	支腿跨距纵向	mm	左 4621/右 4443
11	平台起落时间	s	≥60
12	臂架回转速度	s/r	≥80
13	支腿收放时间	s	≥60

对新建或改建线路杆位路径进行设计优化的同时，还要考虑线路过电流等多发性故障下的检修路径优化需求，现有线路设备出现过电流故障主要集中在熔断器、断路器、线夹等电气元件，修复时往往需要开展更换熔断器、开关灭弧罩、线夹等作业，因目前适应架空配电线路采用绝缘杆作业法的绝缘操作工具无法与架空配电线路线夹金具完全匹配，对无法采用绝缘杆作业法且斗臂车也无法到达作业杆位的检修施工作业，将不得不采取停电检修施工，而开关停电将引起两个线段内的所有客户陪停，严重影响供电可

靠性。现有线路设备出现过电压故障主要集中在避雷器，检修或更换架空配电线路避雷器的作业目前主要还是采用绝缘手套作业法开展，如斗臂车无法到达抢修杆位，故障避雷器所在的线段将不得不采用停电作业方式来消除避雷器的缺陷或隐患，线段内的所有客户陪停，产生的停电时户数为修复时间乘以线段内客户数。

计划检修、消缺、配电网工程改造、配合政府工程迁移配电线路杆线、客户接入等配电网业务能否采用配电网不停电作业开展，与作业车辆能否到达作业杆位关系密切，作业车辆能否到达作业杆位对作业方法的采用、作业安全和作业效率的影响主要有三个方面：一是检修（改造）的灵活性及停电范围，作业车辆能到达作业杆位时可以开展复杂的作业项目，如带电开耐张杆引线、带电断耐张杆引线、带电配合挂（拆）线、旁路作业等作业，结合发电车保供电措施，可将检修（改造）停电的区域压缩到最小线段而缩小停电范围，提高非检修区域的供电可靠性；二是检修（改造）作业效率及对检修段内客户供电可靠性的影响，作业车辆不能到达的杆位如采用搭设绝缘脚手架、绝缘平台、绝缘杆等替代方式，部分项目也可以开展，但检修的效率将大打折扣，检修段内客户的停电时长将显著增加，同时，如发电车等作业车辆能到达检修段线路，可结合检修段内的客户设备情况，可灵活接入发电车等临时移动电源，进一步压减检修时客户的实际停电范围和停电时长，提高检修段线路的供电可靠性；三是在特种作业车辆无法到达作业杆位且替代措施因地形特殊也无法实施时，将不得不采取停电作业，检修段线路内的所有客户必须陪停，产生的停电时户数为修复时间乘以线段内客户数。

2.3.1 作业车辆能到达作业杆位

作业车辆能到达的作业杆位基本上为沿道路附近，使用绝缘斗臂车进行作业，需考虑车辆通行、停放、支撑的最小空间，车辆行驶的道路宽度应在 3m 以上，净空高度在 4m 以内不能有通信线路、限高杆等障碍物，所通行的桥梁载重能力一般在 10t 及以上。在道路附近的杆位作业车辆能否实施作业还跟杆高、电杆与路边的水平距离、作业车辆的作业半径密切相关，应以车辆可停放作业位置的中心点为起算点，按车辆作业半径曲线图选取作业线路最远作业位置进行计算核对是否能够到达作业位置，一般直臂式绝缘斗臂车以电杆离作业车辆停放的作业位置直线距离 6m 左右为极限作业位置，折叠臂式绝缘斗臂车以电杆离作业车辆停放的作业位置直线距离 8.5m 左右为极限作业位置。建议线路设计时，尽量沿道路边架设，具备人行道的杆位应设置在人行道行道树中心线，未设置人行道的国、省、县、乡道，线路设计路径应尽可能距离路边沟 5m 以内。对于满足以上基本条件的作业车辆能到达杆位路径提出以下优化方案。

优化方案：路口转角线路路径延伸的方案优化

1. 适用供电网格

作业车辆能到达的作业区域，适用 B 类及以上供电网格。

2. 优化前基本情况

现有线路沿路设计时一般为沿道路一侧，一般为沿道路东侧或沿道路南侧架设，分支线分出远离道路方向时，为平衡受力一般采用高拉到对侧道路设拉线，或者在道路东侧或南侧远离道路的方向合适位置设置标准拉线，转角杆一般为两对高拉或采用钢管塔。图2-9所示为沿道路线路路径图（优化前）。

3. 优化后情况

对于重要客户接入区域的局部线路，由于供电可靠性要求的提高，临时取电、保电等作业项目需求陆续增加，如移动箱式变压器车临时取电供电等作业项目，经常遇到的问题是有电线路在道路对侧，从道路对侧临时取电过来势必会出现电缆穿越马路的问题，对道路交通和电缆的安全防护都带来影响，也导致临时取电项目较难开展，因此建议在路口及分支线位置的线路路径进行延伸，为今后临时取电预留接入点。沿道路线路路径图（优化后）如图2-10所示。

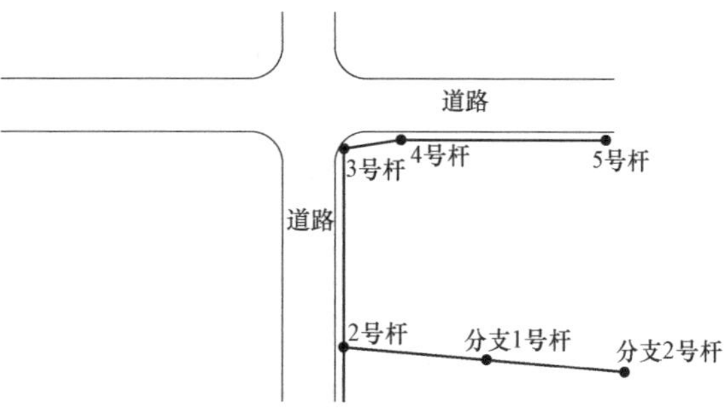

图2-9　沿道路线路路径图（优化前）

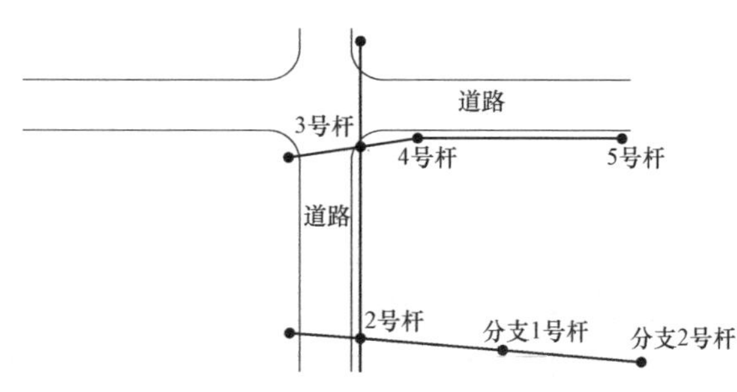

图2-10　沿道路线路路径图（优化后）

4. 改造原则

线路延伸一档可以减少跨越道路的高拉，同时也不突破现有设计标准。

5. 该方案对不停电作业的提升成效

路径适度延伸后，为今后的跨道路临时取电或线路临时联络预留了作业点，可有效提高临时取电项目的作业效率，也为线路临时联络补强预留了不停电作业可实施的连接点。

2.3.2　作业车辆不能到达作业杆位

作业车辆不能到达的作业杆位基本上都远离通行道路，地形可能为农田、山地、林地、河流滩涂等，由于地形限制，为提高不停电作业的可行性，建议线路设计路径选择时，耐张杆、转角杆、开关杆等分段杆型应选点在作业车辆可到达位置，为后续实施旁路作业或缩小停电范围创造条件。

优化方案：机耕道附近线路路径优化

1. 适用供电网格

作业车辆大部分不能到达作业杆位的路径，适用于C、D类供电网格。

2. 优化前基本情况

现有农村地区的线路路径一般按路径最短、耐张段均匀分配、减少跨越等一般技术条件进行路径选择，在耐张段的设置上较少考虑耐张段的分段点是否适合架空配电线路配电网不停电作业的开展，在杆位选择上较少考虑作业车辆能否进入到架空配电线路杆位附近，在线路路径上往往未能尽量沿农村机耕道架设。以图 2-11 所示农村线路路径图（优化前）举例说明。图中路径以拉直线路径为主，没有考虑附近的机耕道，分支线路没有考虑分支杆的位置是否适合不停电作业。

图 2-11　农村线路路径图（优化前）

3. 优化后情况

农村地区市政道路和公路较少，但为便于农田建设，还是配置有大量的机耕道，为优化架空配电线路杆位路径方案，建议农村地区的架空线路设计路径应尽量沿机耕道架设，在没有全线机耕道的情况下，选择线路耐张分段点、线路分支线分支杆靠近机耕道，便于履带式、绝缘脚手架、蜈蚣梯等新型绝缘平台到达作业位置，缩小停电范围。以图 2-11 的线路路径图为例，可以将局部路径优化为图 2-12 所示路径（加粗线）。

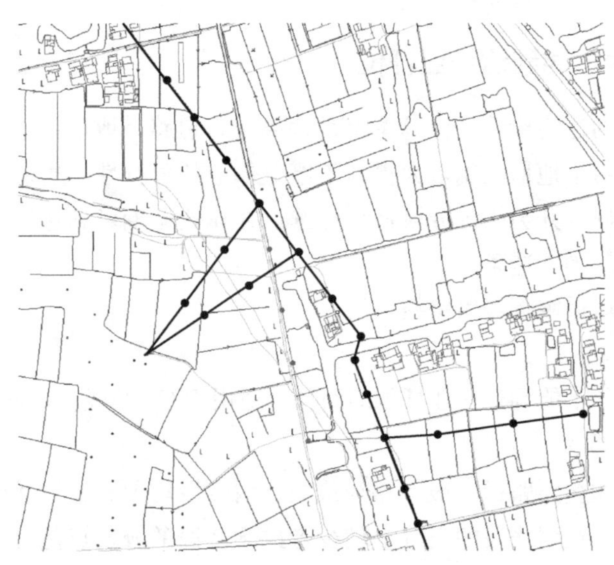

图 2-12　农村线路路径图（优化后）

4. 改造原则

作业车辆到达不了的线路杆位路径，应创造条件适应新型作业装备进场，优化后的路径设计不超出目前的设计规范要求。

5. 该方案对不停电作业的提升成效

以点带面，创造条件将线路分段点、分支点等关键节点位置，设置在满足作业车辆能够到达作业杆位、适应开展配电网不停电作业的条件，可以有效地缩小停电范围，降低农村地区不停电施工作业的难度。

2.3.3 临时移动电源接入

由于临时移动电源大部分为箱式车，10kV 中压发电车的体积接近大型集装箱车，质量接近 40t，低压发电车的体积基本上与东风大卡接近，质量一般在 25t 左右，小型的托挂式移动电源一般长 2m，宽 1.3m 左右，加上托挂后整车长度也接近 7～8m，因此接入点线路的路径按电压等级提出以下优化方案。

优化方案一：大分支线路路径优化

1. 适用供电网格

10kV 中压大分支线路或干线末段线路，适用 B 类及以上供电网格。

2. 优化前基本情况

现有的中压大分支线路或干线末段线路，一般以分支线路或末段线路负荷点以拉直线最短路径的方式进行设计，较少考虑交通情况。

3. 优化后情况

中压大分支线路或干线末段线路在设计线路路径时结合附近道路进行优选，在极端情况下确保有 1～2 基电杆具备重型车辆接近的道路交通条件，接近距离控制在 50m 以内，中压发电车停放点具备工作面敷设条件，行驶路径上的桥梁满足重型卡车行驶要求，同时大分支线路 1 号杆应设柱上负荷隔离开关，预留接入点电杆预设柱上负荷开关便于保电接入。

4. 改造原则

作业车辆到达不了的线路杆位路径应创造条件适应新型作业装备进场，优化后的路径设计不超出目前的设计规范要求。

5. 该方案对不停电作业的提升成效

以点带面，为每一条大分支线路创造临时中压电源接入条件，可以有效地缩小停电范围，降低农村地区不停电施工作业的难度，提高中压综合不停电作业的覆盖面，提高供电可靠性。

优化方案二：单一配电变压器分支线路径优化

1. 适用供电网格

只挂接有单一配电变压器的分支线路，适用 C、D 类供电网格。

2. 优化前基本情况

现有的单一配电变压器分支线路一般以配电变压器安装方便为原则进行设计，较少考虑配电变压器故障情况下采用带电作业进行检修和保电作业。

3. 优化后情况

单一配电变压器分支线路在设计线路路径时结合附近道路进行优选，在极端情况下配电变压器位置距离中型卡车能到达的位置控制在 30m 以内，配变出线干线确保有 1～2 基电杆位置距离中型卡车能到达的位置控制在 30m 以内，同时配变出线 1 号杆应避免与变压器同杆，一台变压器按 3 处出线终端杆进行设计，便于保电接入。

4. 改造原则

作业车辆到达不了的线路杆位路径应创造条件适应新型作业装备进场，优化后的路径设计不超出目前的设计规范要求。

5. 该方案对不停电作业的提升成效

以点带面，为每一台配变、每一条分支线路创造临时低压电源接入条件，可以有效地缩小停电范围，降低农村地区不停电施工作业的难度，提高综合不停电作业的覆盖面，提高供电可靠性。

2.4 直线杆杆头结构优化设计

直线杆塔通常用于耐张段的中间，是架空配电线路中使用最多的一种杆塔。直线杆又称中间杆或过线杆，一般用字母 Z 表示，用在线路的直线段上，以支持导线、绝缘子、金具等重量，杆顶结构较简单，一般情况下不装拉线，能够承受导线的重量和水平风力荷载，但不能承受线路方向的导线张力。架空配电线路的导线分为裸导线和绝缘导线，导线普遍用针式绝缘子固定在横担上，也有少部分是用线夹和悬式绝缘子串挂在横担下。绝缘导线在导线外围均匀而密封地包裹一层不导电的材料，如树脂、塑料、硅橡胶、PVC 等，形成绝缘层，防止导电体与外界接触造成漏电、短路、触电等事故发生。杆高方面，中压配电网中最常见的 10kV 直线杆，常见的杆高有 10m、12m 以及 15m，部分地区由于开展了配电网电压序列升级，采用了 20kV 中压配电网，杆高一般为 12m、15m 以及 18m。

目前，在直线杆上开展的架空配电线路不停电作业常规项目包括带电断、接架空线引线，带电修补架空导线，带电更换隔离开关，带电更换直线绝缘子，带电更换电杆，带电更换直线横担等项目。直线杆按架设的供电回路情况可分为单回路、双回路、多回路以及导线混合排列四种杆型。杆型不同，其对应的架空配电线路不停电作业的工作环境也不同，其不停电作业工作难度也会有所不同，一些复杂的杆型无法开展不停电作业，需要进行停电检修，给供电企业和电力客户带来负面影响。

本节重点介绍架空配电线路单回路直线杆、同杆架设双回路直线杆、同杆架设多回路直线杆、导线混合排列直线杆杆头结构等几种常见架空配电线路直线杆的不同杆头结构及其设计优化方案。

2.4.1 单回路直线杆

单回路配电线路直线杆是配电线路最常见的一种架设方式，常见于乡镇、农村以及山区等负荷密度较小、负荷分散的地域，广泛应用于两变电站之间的配电线路主干线、分支线路。其优点是结构简单，线路走向明确，方便维护和检修，缺点是供电能力较弱，空间利用率低。这种杆型通常存在高低压同杆架设，对开展不停电作业带来了一定的影响，需要进一步分析和改进。

架空配电线路在变电所出线及通道走廊紧张时，通常采取线路同杆多回路架设。同杆多回线路在经过一定的架设长度后都必须再分离架设，由于杆塔挂线方式的变化，导线会在水平排列、三角排列、垂直排列的几种排列方式之间发生变化。目前单回路直线杆杆头结构的排列方式共有三种，分别为水平排列、三角排列以及垂直排列，如图 2-13 所示。

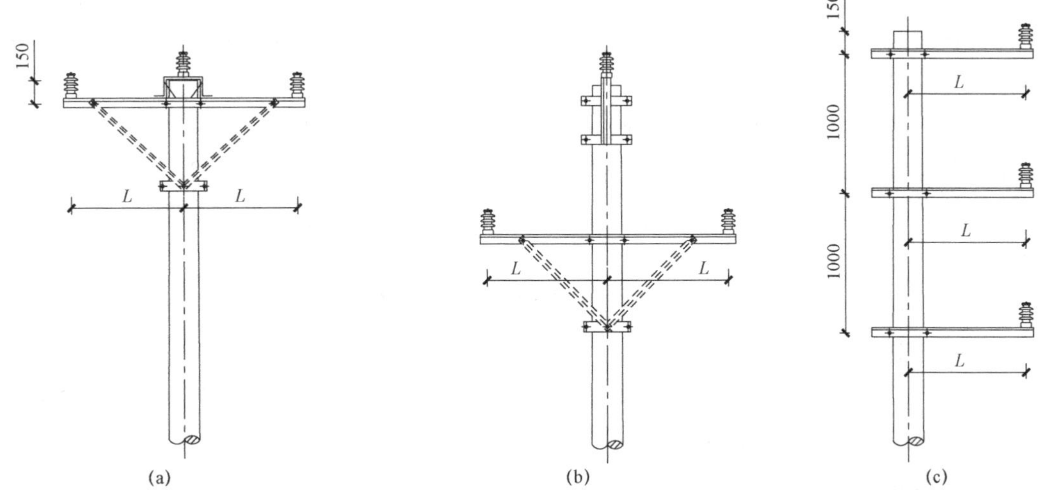

图 2-13　单回路直线杆杆头结构三种排列方式示意图

(a) 水平排列；(b) 三角排列；(c) 垂直排列

单回路水平排列是指三相导线几乎在同一水平面均匀分布排列，相对于三角排列和垂直排列，单回路水平排列的导线由于三相导线几乎架设在同一水平面上，横担接近杆顶，因此净空距离得到提高，有助于跨越树障、弱电线路、道路等，单回路水平排列正常设计基本能满足不停电检修工作条件，但是存在遮蔽作业量增加而工作效率不高的问题，因此需要对其进行优化改造。

单回路三角排列是单回路中用得较多的一种排列方式，其结构形式是水平横担加杆顶帽，一般杆顶帽上的中相为 B 相。这种排列方式的主要优点是线间距离大、档距大、混线少等，缺点是需要较长的电杆。当导线截面积较大、档距较大、承力大时，每相可用双绝缘子或者双横担、双绝缘子的结构形式。需要指出的是，基于架空配电线路开展配电网不停电作业的需要，不推荐单回路直线杆采用双横担的设计。正常设计情况下单回路三角排列可以满足不停电检修工作条件，为了更好地适应配电网不停电作业，横担长度满足水平导线与电杆外壁净空距离不少于 400mm；中导线顶架安装于杆头下方至少 150mm 处；边相导线距杆中最小间距 L 值不小于 700mm，常规直线或 15°以下小角度转角杆型，推荐采用 1500mm 长度横担。

单回路三角排列15°以上转角杆塔，考虑到转角角度α产生的导线间距缩小的影响，同时考虑横担长度对于不停电作业施工的便利性，推荐采用1900mm长度横担。

单回路垂直排列是指回路的导线位于同一垂直平面内的布置方式，通常用在线路廊道狭窄、单侧避让或跨越建筑物时使用该排列方式，常见线路一侧有建筑物，架空导线无法满足安全距离要求。由于三相导线分布在不同的水平面上，层次分明，且导线一般在靠近道路的一侧，能够停靠绝缘斗臂车进行不停电作业，降低了不停电作业的难度，可以顺利开展各类不停电作业，因此沿道路两侧架设的架空配电线路采用单侧垂直排列，基本上都可以满足采用配电网不停电作业开展检修。

除此之外，单回路在一些乡镇或集镇的集聚区中常见有高低压同杆架设。高低压同杆架设线路，在低压带电线路上工作时，先检查与高压线的距离、采取措施防止误碰带电高压设备的措施、人体不得同时接触两根线头；对于高压带电作业，同杆的低压线路不仅影响绝缘手套作业法，还影响绝缘杆作业法的正常开展。因此，高低压同杆架设对高低压带电作业都带来影响，存在不安全因素，原则上不推荐高低压同杆架设，但在个别地区无法避免时，需要对原有单回路高低压同杆架设进行优化改造。

优化方案一：配电线路单回路直线杆导线水平排列改造（优化）

1. 适用供电网格

一般适用于乡镇、农村、山区负荷密度较小、分散的地域，单回路主干线或分支线线路，推荐在D类及以上供电网格采用该种优化。

2. 优化前基本情况

表2-8为海拔3000m及以下地区10kV单回路水平排列杆头横担规格（优化前）。图2-14所示为单回路水平排列杆头示意图（优化前）。

表2-8　海拔3000m及以下地区10kV单回路水平排列杆头横担规格（优化前）
（梢径230mm及以下电杆）

线型	横担使用档距	尺寸/mm	120mm²及以下导线截面		150～240mm²及以下导线截面	
		L	主材规格	长度/mm	主材规格/(mm×mm)	长度/mm
绝缘线	80m及以下	500	∠75×6	1100	∠80×8	1100

目前，在一些地区架空配电线路导线采用水平排列通常用在紧凑型线路上（图2-14），紧凑型线路横担长度如下：绝缘线档距在80m及以下的采用1100mm横担，相间甚至只有500mm。在配电网不停电作业中按绝缘导线等同于裸导线的原则，在边相作业时无法保证与中相的有效安全距离，需要对中相进行绝缘遮蔽。按照安装绝缘遮蔽的原则，在对中相实施绝缘遮蔽前必须做好两个边相的绝缘遮蔽，导致在工作中增加了绝缘遮蔽作业量，使得配电网不停电作业安全措施变得复杂，布置安全措施时间拉长，降低了配电网不停电作业的工作效率。

3. 改造原则

在配电网不停电作业中，出于安全考虑，按照《电力安全工作规程　电力线路部分》(GB 26859—2011) 要求，在绝缘导线上作业时的安全距离要求与在裸导线上的保持一致。因此，为适应采用配电网不停电作业开展架空配电线路全业务检修施工，需要对导线水平排列的杆头布置进行优化改造，按配电网不停电作业安全要求提高设计标准。将原有80m及以下档距的绝缘导线杆型统一按60～80m档距的裸导线杆型安全距离要求进行杆头布置，选择合适的横担型号，使得80m及以下档距的水平排列杆型杆头布置做到设计统一，提高了作业安全性。

4. 优化后情况

表2-9为海拔3000m及以下地区10kV单回路水平排列杆头横担规格（优化后）。图2-15所示为单回路水平排列杆头示意图。

表2-9　海拔3000m及以下地区10kV单回路水平排列杆头横担规格（优化后）（梢径430mm及以下电杆）

线型	横担使用档距	尺寸/mm	240mm²及以下导线截面	
		L	主材规格/(mm×mm)	长度/mm
绝缘线	80m及以下	800	∠80×8	1700
裸导线	60m及以下	900	∠80×8	1900
	60～80m	1000	∠80×8	2100

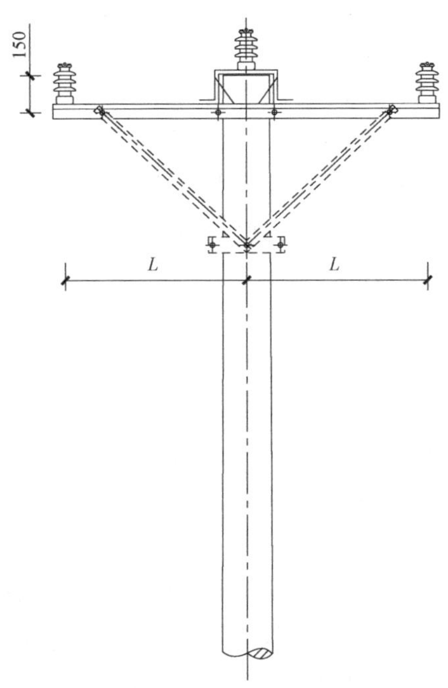

图2-14　单回路水平排列杆头示意图（优化前）

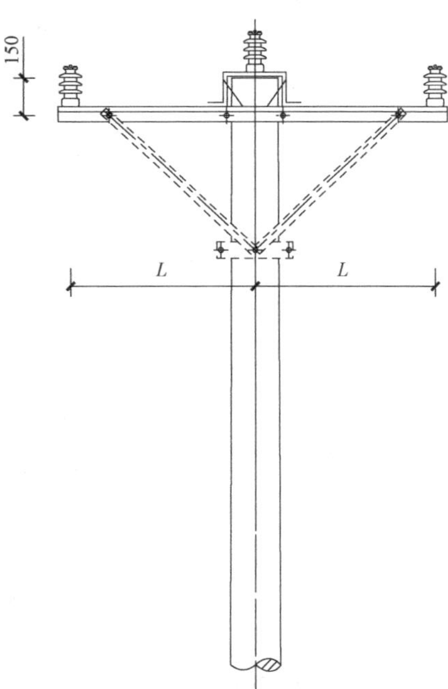

图2-15　单回路水平排列杆头示意图

为满足配电网不停电作业由近及远的递进式绝缘遮蔽原则，且单回路直线杆水平排列横担长度水平相间导线间距不少于 800mm；中导线顶架安装于杆头下方至少 150mm 处；边相导线距杆中最小间距 L 值也不小于 800mm，对常规直线或转角在 15°以下小角度转角杆型均推荐 1700mm 长度横担。

5. 该方案对不停电作业的提升成效

该方案将原有 80m 及以下档距的绝缘导线杆型采用 1100mm 横担更换成了 1700mm，单条线路投资成本略有提高，但横担造价在整个配网工程投资成本中占比很小，因横担长度改变增加的投资在架空配电线路工程总投资所占比例几乎可以忽略。经过优化调整后，因装置空间增大从而使作业空间变大，对作业人员调整到更合适的作业位置有很大益处，作业空间更加灵活。在线路抢修和业扩工程中可以大幅度缩短接入用时，且目前处于架空配电线路检修施工由停电作业向配电网不停电作业转变的窗口期，架空配电线路停电作业与带电作业共存且交叉，为减少停电时户数，架空配电线路的停电作业与带电作业结合工作日趋增加，不停电作业用时纳入整体安全措施时间，照此优化设计更是直接可以节约配网工程施工时户数，提高区域配网供电可靠性，更好地贯彻不停电就是最好的服务，并为企业带来更多的售电盈利。

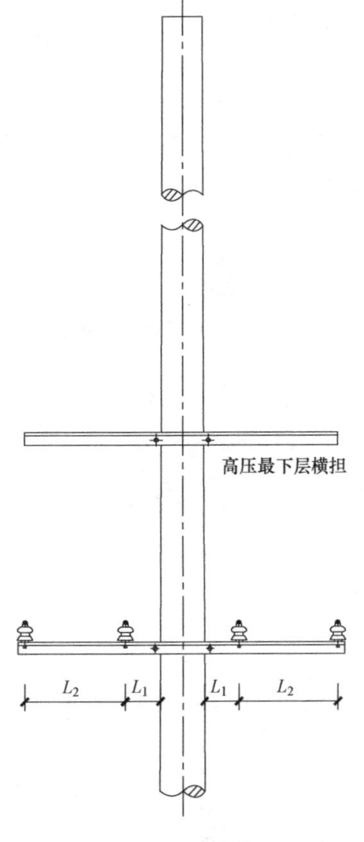

图 2-16　高、低压线路同杆架设示意图（优化前）

优化方案二：配电线路单回路直线杆高、低压同杆架设改造（优化）

1. 适用供电网格

高、低压线路同杆架设，长期以来作为传统的架空配电线路架设方式一直被人们普遍应用，它对降低工程投资，减少设备设施场地，起了一定的作用，能够最大限度利用供电通道。特别是 20 世纪末、21 世纪初建成的县城街道上的架空配电线路，大多都采用高、低压同杆架设，因此，它一般适用于县城街道以及乡镇集聚区，在日常生活中可以经常看到该种杆型，推荐在 C 类及以上供电网格采用该优化。

2. 优化前基本情况

高、低压线路同杆架设（图 2-16）的低压线路对不停电作业影响较大，由于线路高低层架设，作业空间变得复杂，使得不停电作业中绝缘手套作业法和绝缘杆作业在工作中受到了限制，降低了不停电作业的工作效率。

绝缘手套作业法作业受限。由于低压线路的存在，在对外边相实施作业时低压线路会直接影响绝缘臂摆动，使得绝缘斗作业空间变小，甚至无法到达合适的作业位置，直接影响作业安全。同时因为低压线路的存在，作业过程中需要循环往复调整工作斗和绝缘臂的位置，来保证合适作业点位的同时与地电位保持足够的安全距离，大幅度增加工作臂调整用时，同杆架设低压线路的存在还会影响如加装分支线路、带电立杆、直线杆改耐张杆并加装柱上开关等其他作业项目的开展。

绝缘杆作业法作业受限。实施绝缘杆作业法时，地电位作业人员势必要用工具穿越带电的低压线路对高压线路进行作业。作业人员为与同杆架设低压线路保持足够的安全距离，同杆架设导致作业人员所处位置靠下，使得作业人员与被操作对象距离增大，作业难度、作业强度也随之增加。为了减小作业距离，地电位作业人员会在安全距离允许的情况下尽量靠近低压导线，但此时带电的低压导线对在杆上作业人员存在一定安全隐患。如果作业时操作距离还是太远，那么势必会造成低压线路的停电。同时因为低压线路的存在，杆上电工的作业范围受限，绝缘操作杆操作幅度缩小，也会制约整体绝缘杆作业法工作效率，双人杆上配合作业难度增加，对作业人员的体能与技能水平有着较高的要求。

3. 改造原则

为了在单回路高、低压同杆架设线路上顺利开展不停电作业，必须对杆上装置进行改造，从扩大作业空间的角度出发，有两种思路可供选择：一是加大高压线路横担长度，二是缩短低压线路横担长度。从经济性和施工难度两个角度考虑，显然第二种思路更为适合。采用缩短同杆低压线路横担长度，并更换同杆低压导线，使用低压集束导线，各相线一体化架设，对原有单回路高、低压线路同杆架设进行改造，优化后如图 2 - 17 所示。

4. 优化后情况

改造后的线路并没有改变高低压同杆架设的方式，能够继续发挥其节约用地的优势，除此之外这种改进方式不仅使低压架设施工方便高效，而且大大缩小低压线路通道空间，更重要的是不易发生线路坠落接触性伤人事故和误碰短路事故，大大提高了作业安全性，同时对其进行绝缘遮蔽也尤为方便，在实施绝缘杆作业时作业人员穿越低压线路将更加安全。

5. 改造方案对不停电作业的提升成效

该方案主要对低压横担进行改造，将原有低压横担长度改短，同时低压绝缘子由 3 个减少到 1 个，且整体线路架设难度略微下调，在迁改及大修工程中，可以大幅缩短线路架设过程中铁件安装时间，减少停电时户数，提高区域配网供电可靠性。通过对单回路高低压同杆架设线路低压侧进行改造，从装置上做了直观的简化，使其绝缘化、集束化，更使得低压线路

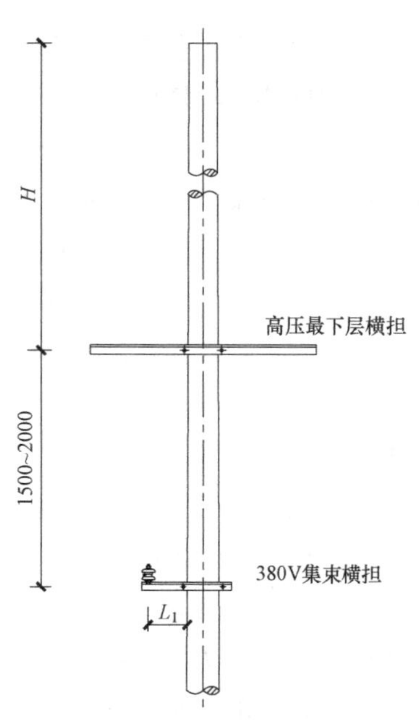

图 2 - 17　高、低压线路同杆架设示意图（优化后）

占用的空间大大减小，同时增大不停电作业空间。在实施绝缘手套作业法时，无论是哪种车型都能顺利到达作业位置，车辆的选择面也变得更加广泛。同时也减少了在作业过程中擦碰低压线路的机会，能够有效避免低压对地短路情况的发生。

作业效率上也有大幅度提升，由于原先水平排列的低压线路的存在，绝缘斗臂车作业范围受到影响，在保证足够安全距离的前提下，一次作业可能要多次调整工作臂和绝缘斗的角度来改变停车位置，来获取边相最佳作业点位。通过优化装置，使得整个作业更加流畅顺利，同时也缩减了作业场地的布置工作。

在一些复杂作业中，此类优化设计更是有利于整体项目的开展。如直线杆改耐张杆并加装柱上开关项目，需要在作业中降低低压侧横担，给安装柱上开关腾出空间，这时低压侧横担的工作会变得极其简单。又如带电立杆项目中，原先需要控制好单独的四根低压导线，还要防止它们之间的碰线短路，通过优化只需将低压集束导线朝线路外侧微微拉开留出电杆自上而下进入的空间即可。因此，优化后的方案大大提高了不停电作业的安全性，避免了一些作业事故的发生，也提高了作业效率。

2.4.2 双回路直线杆

同杆双回路供电线路是指同一杆塔上安装有电压与频率不一定相同的两个回路的线路。在城镇区域的变电站，由于出线走廊较少，多采用架空双回路出线布置。这种布置方式一般适用于城镇化的乡镇区、开发区等负荷密度相对集中的地域，广泛应用于架空配电主干线路。同杆双回路供电线路优点是供电能力较单回路强，通道占地少，减少了电网建设的投资，缺点是一旦其中一条回路出现事故需要停电抢修，另一条回路往往也需要进行陪停，扩大了停电范围，且杆上作业环境变得较复杂，不利于开展配电网不停电作业。

与单回路直线杆杆头布置导线方式相似，目前，双回路直线杆头布置导线的排列方共有三种，分别为双水平排列、双三角排列以及双垂直排列，如图 2-18 所示。双水平排列双回路是指采用两层横担，上下两层各架设一条回路，下层横担一般长度大于上层横担，即在原有水平排列单回路下方增加一个横担布置另一条回路。双三角排列双回路是指电杆左右两侧各布置一条回路，每条回路均呈三角排列，通常习惯将中相置于上层横担。双垂直排列双回路是指电杆左右两侧各布置一条回路，每条回路均呈垂直排列。

比较上述三种双回路杆头布置导线的排列方式，其中双回路双水平排列方式最不利于不停电作业的开展，主要在于上层回路中相在作业时，由于下层导线的存在，为避免作业时穿相或过于邻近地电位，第一种方法是循环往复多次调整绝缘斗到达作业位置，这种方法极大制约了整体作业效率，多次位置调整未果也会影响斗内电工心情烦躁，给带电工作人员带来心理压力，增加作业安全风险；第二种方法是在作业中增加大量的遮蔽措施，这种方法大幅提高斗内电工工作量，增加整体作业工作用时及工器具准备用时，在大型架空配电线路停电作业与带电作业结合项目中会造成不必要的时户数损失，在当前电网对停电时户数考核越来越严格的情况下，给配电网不停电作业工作的开展带来时间压力。同时，上层回路进行分支回路接入时下层回路对其影响较大，因此双回路杆头

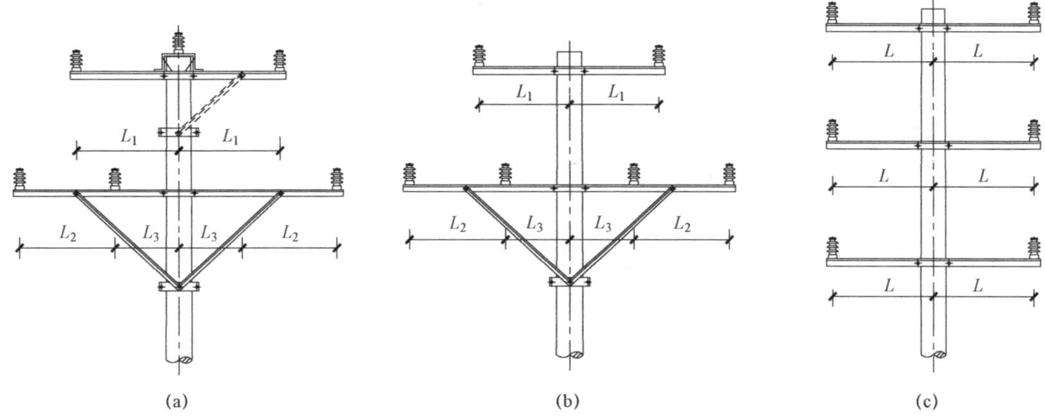

图 2-18 双回路直线杆头布置导线三种排列方式示意图

(a) 双水平排列；(b) 双三角排列；(c) 双垂直排列

布置不推荐双水平排列方式。

双回路双三角排列方式，如采用绝缘手套作业法，无论哪种车型，在任何一侧作业均能灵活到达工作位置开展作业，带电作业难度不大。该排列方式不仅对绝缘手套作业法适用，同样对绝缘杆作业法也适用，可以开展断、接引线等项目。双回路双三角（左右各 1 回路），需要满足导线（引流线、设备跳线等）与电杆外壁、横担、构架、拉线以及接地等地电位的距离不少于 400mm，垂直线间距离不少于 1000mm，其他导线与跳线间不少于 600mm。因此，双回路双三角排列方式是以上三种杆头布置导线的排列方式中最值得推荐的一种。

双回路垂直排列方式，排列最简单清晰，相相之间在空间上最独立，作业的层次感非常清晰，基本不用考虑作业面背后的防护情况。杆位方面，线路如处于马路和人行道之间或者是内外都能停车的路径上，那么双回路垂直排列方式是非常好的选择。按照绝缘臂的结构，绝缘斗臂车可以分为三类：

(1) 伸缩式绝缘斗臂车，伸缩式绝缘斗臂车是由一节或者两节金属臂和一节绝缘臂组成，在作业时需要把作业臂完全伸出才能获得足够的绝缘长度并且满足绝缘等级的需要。

(2) 折叠式绝缘斗臂车，折叠式绝缘斗臂车是由上绝缘臂和下金属臂组成。折叠式绝缘斗臂车最高可以满足 35kV 的不停电作业，而且适用于各种电压等级。折叠式绝缘斗臂车还可以提供较大的作业幅度和跨越障碍的能力。

(3) 混合臂绝缘斗臂车，混合臂绝缘斗臂车是由伸缩臂和折叠臂两者组合而成的，既有两者的优点同时也规避了前两者的缺点。外形小巧结构紧凑，作业幅度大，是目前最受欢迎的绝缘斗臂车。

不同的绝缘斗臂车有不同的优势，在进行不停电作业时可以根据不同的需求来选择更为合适的车辆。如采用绝缘手套作业法，如果班组配备的绝缘斗臂车为直伸臂，只要线路一侧能停车就可以顺利开展作业。如果班组配备的绝缘斗臂车为混合臂或折叠臂，由于折臂的角度没有像直伸臂那么垂直，双回路外侧上横担导线作业时，绝缘臂受到下层横担导线的阻挡，绝缘斗将无法到达外侧上横担导线作业位置。如采用登杆绝缘杆作业法，双回路垂直排列方式横担之间距离过大，上横担导线在绝缘杆作业时长度要达到4500mm左右，导致开展登杆绝缘杆作业可谓是难上加难。因此，线路如不在道路边不推荐该种排列方式。

优化方案一：配电线路双回路直线杆导线垂直排列改造（优化）

1. 适用供电网格

一般适用于城镇化的乡镇区、开发区等负荷密度相对比较集中的地域，且杆下一般无树障、弱电线路等障碍物，广泛应用于架空配电主干线路，层次清晰，线路走向明确，易于辨识，推荐在C类及以上供电网格且杆高不低于15m时采用该种优化。

2. 优化前基本情况

表2-10为海拔3000m及以下地区10kV双回路垂直排列杆头横担规格（优化前）。图2-19所示为双回路垂直排列直线杆头示意图（优化前）。

表2-10 海拔3000m及以下地区10kV双回路垂直排列杆头横担规格（优化前）（梢径230mm及以下电杆）

线型	横担使用档距	横担名称	尺寸/mm	240mm²及以下导线截面	
			L	主材规格/(mm×mm)	长度/mm
绝缘线 裸导线	80m及以下	上、中、下横担	800	∠80×8	1700

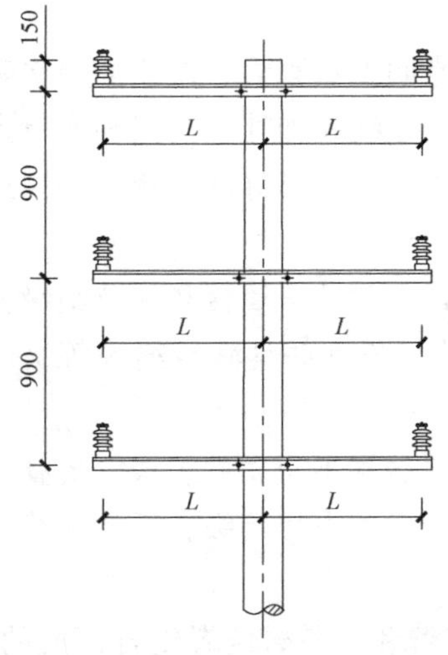

图2-19 双回路垂直排列直线杆头示意图（优化前）

目前架空配电线路双回路垂直排列，横担长度为1700mm，横担垂直间距为900mm。一些地区是使用混合臂或折叠臂绝缘斗臂车，这些车辆在外侧线路开展不停电作业时，由于臂架的角度比较水平，没有像直伸臂那么垂直，又受到下横担导线的阻挡，即使充分利用了绝缘斗抬升距离也无法达到顶相开展作业，中相只能进行穿档作业。

3. 改造原则

双回路垂直排列改造时，由于内侧线路三相导线独立，靠绝缘斗臂车侧的作业空间大，实施各作业比较容易。而外侧上横担导线作业时受到了外侧下横担导线的阻挡，尤其是采用折叠臂或是混合臂时情况更为突出，无法对外侧上横担导线实施作业。因此，在改造时必须考虑穿档作业在装置上的实施，增大中部空间，增加中横担长度和增加上下层导线间距，在作业中绝缘斗能够到达上横担外边相导线作业位置进行作业。

4. 优化后情况

表2-11为海拔3000m及以下地区10kV双回路垂直排列杆头横担规格（优化后）。

图2-20所示为双回路垂直排列杆头示意图（优化后）。

表2-11 海拔3000m及以下地区10kV双回路垂直排列杆头横担规格（优化后）
（梢径430mm及以下电杆）

线型	横担使用档距	横担名称	尺寸/mm		240mm²及以下导线截面	
			L_1	L_2	主材规格/(mm×mm)	长度/mm
绝缘线	80m及以下	上、下横担	800	900	∠80×8	1700
裸导线		中横担				1900

优化后杆头成鼓型排列，横担长度满足水平导线与电杆外壁净空距离不小于400mm，顶相导线横担安装于杆头下方至少150mm处，上、下层导线间距不少于1200mm，满足低层导线对地安全距离，调整中层横担长度至1900mm，增大横担之间间距至1200mm，考虑到转角角度α产生的导线间距缩小的影响，同时考虑横担长度对于不停电作业施工的便利性，转角小于15°的双回路双垂直排列推荐上、下横担长度选用1700mm、中横担长度选用1900mm。

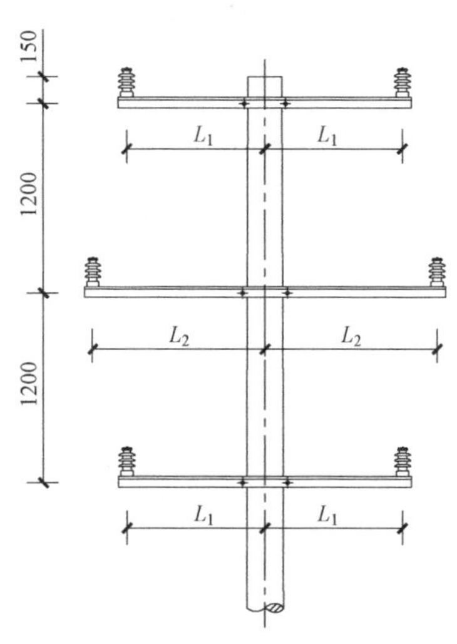

图2-20 双回路垂直排列杆头示意图（优化后）

5. 该方案对不停电作业的提升成效

该方案将双垂直排列双回路直线杆中的中层横担由1700mm横担更换成了1900mm横担，单条线路投资成本略有提高，但横担的造价在整个配电网工程中占比较小，因横担长度改变增加的投资在架空配电线路工程总投资所占比例几乎可以忽略。经过改造使整个双回路垂直排列呈现一个鼓形截面，该种排列方式在立杆、双回路直线杆改耐张杆等一些三、四类复杂项目中有着很多优势，如立杆时导线转移至各相横担步骤上比较简便。如果是双回路双三角排列，立杆时先在每个回路电杆两侧用绝缘三角架固定三相导线，防止作业过程中导线摇摆或其他原因引起相间碰线短路，如没有提前加固定好每个回路，下层横担上的四根导线会在作业过程中因其他原因发生碰线，有可能造成相间短路。双回路垂直排列的结构避免了这种情况的发生且作业步骤少安全性高。在双回路直线杆改耐张杆时，由于每层导线只有内外侧两相导线，且无论是内边相还是外边相导线改耐张，除外边相顶相外其他各相作业面的后方都是空旷的空间，没有任何异电位物体，可以快速便捷地调整绝缘斗和工作臂的位置，在业扩工程中可以大幅度缩短接入用时，且目前架空配电线路停电作业与带电作业结合工作日趋增加，不停电作业用时纳入整体安全措施时间，照此优化设计更是可以直接节约配电网工程施工时户数，提高区域配电网供电可靠性，更好地贯彻不停电就是最好的服务，并为企业带来更多的售电盈利。同时，改造前在作业中绝缘斗无法到达上横担外边相导线作业位置进行作业，改造后这一目标可以实现，因此改造后的排列方式能够进行更加复杂的不停电作业，提高了该条回路的供电可靠性。

优化方案二：配电线路双回路直线杆导线双三角形排列改造（优化）

1. 适用供电网格

一般适用于城镇化的乡镇区、开发区等负荷密度相对比较集中的地域，广泛应用于架空配电主干线路，推荐在C类及以上供电网格采用该种优化。

2. 优化前基本情况

表2-12为海拔3000m及以下地区10kV双回路三角排列杆头横担规格（优化前）。图2-21所示为双回路三角排列直线杆头示意图（优化前）。

表2-12　海拔3000m及以下地区10kV双回路三角排列杆头横担规格（优化前）（梢径230mm及以下电杆）

线型	横担使用档距	横担名称	尺寸/mm			240mm²及以下导线截面	
			L_1	L_2	L_3	主材规格/(mm×mm)	长度/mm
绝缘线	80m及以下	上横担	700	750	500	∠80×8	1500
		下横担				∠80×8	2600
裸导线	60m及以下	上横担	700	800	500	∠80×8	1500
		下横担				∠80×8	2700
	60～80m	上横担	900	1000	500	∠80×8	2100
		下横担				∠80×8	3100

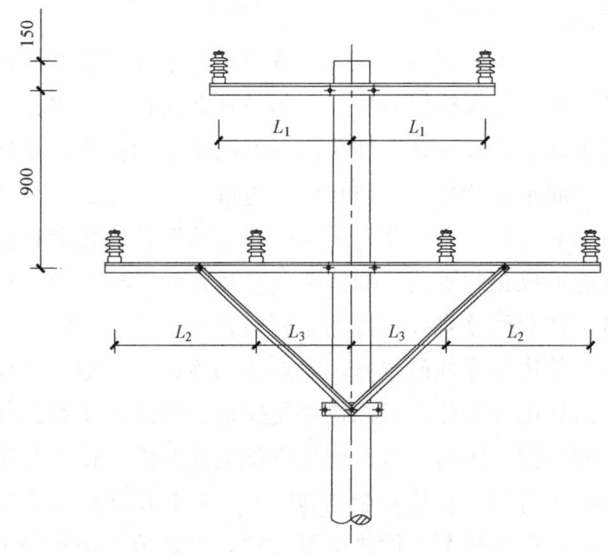

图2-21　双回路三角排列直线杆头示意图（优化前）

目前，架空配电线路同杆双回路双三角形排列，上横担长度为1500～1900mm，下横担长度为2700～3200mm。开展中相不停电作业时，由于无法穿档作业，只能在内、外边相导线外侧对中相实施隔相作业。此时中相与内、外边相导线水平距离为750～800mm，加上绝缘斗与被遮蔽的内、外边相导线之间距离为100mm左右，作业人员必须弯腰才能勉强够到中相导线，因此作业中既累也不安全。

3. 改造原则

同杆双回路双三角排列改造时由于下横担四根导线下方空间大，实施作业比较容易。而上横担受到了下横担四根导线的阻挡，无法实施穿档作业，必须考虑从线路外侧对其实施作业。因此，考虑增加上横担的长度使其将顶部两相导线向线路外侧延伸，以满足作业需求。同时避免了原有装置中相很难够到的问题，实际作业中将绝缘斗挨着遮蔽好的边相导线进行强行作业的情况，大大提高了作业安全性。

4. 优化后情况

表 2-13 为海拔 3000m 及以下地区 10kV 双回路三角排列杆头横担规格（优化后）。图 2-22 所示为双回路三角排列直线杆头示意图（优化后）。

表 2-13 海拔 3000m 及以下地区 10kV 双回路三角排列杆头横担规格（优化后）（梢径 430mm 及以下电杆）

线型	横担使用档距	横担名称	尺寸/mm			240mm² 及以下导线截面	
			L_1	L_2	L_3	主材规格	长度/mm
绝缘线	80m 及以下	上横担	900	750	550	∠80×8	1900
		下横担				∠80×8	2700
裸导线	60m 及以下	上横担	900	800	550	∠80×8	1900
		下横担				∠80×8	2800
	60～80m	上横担	900	1000	550	∠80×8	1900
		下横担				∠80×8	3200

双回路双三角（左右各 1 回路），横担长度满足水平导线与电杆外壁净空距离不少于 400mm；满足水平相间导线间距不少于 700mm，因此推荐档距在 80m 及以下的绝缘线杆塔下横担长度为 2700mm，上横担长度为 1900mm；档距在 60m 及以下的裸导线杆塔下横担长度为 2800mm，上横担长度为 1900mm；档距在 60～80m 的裸导线杆塔下横担长度为 3200mm，上横担长度为 1900mm。优化后使中相与内、外边相导线水平距离不少于 400mm，加上绝缘斗与被遮蔽内、外边相导线之间距离为 100mm，作业人员能相对轻松地处理中相导线。此外，还要求上横担安装于杆头下方至少 150mm 处；上、下层导线间距不少于 1000mm。线路接入设备跳线满足：相对地不少于 400mm、相间不少于 600mm。考虑到转角角度 α 产生的导线间距缩小的影响，同时考虑横担长度对于不停电作业施工的便利性，转角小于 15°的双回路双三角排列推荐上横担长度选用 1900mm，下横担长度选用 3000mm 左右。

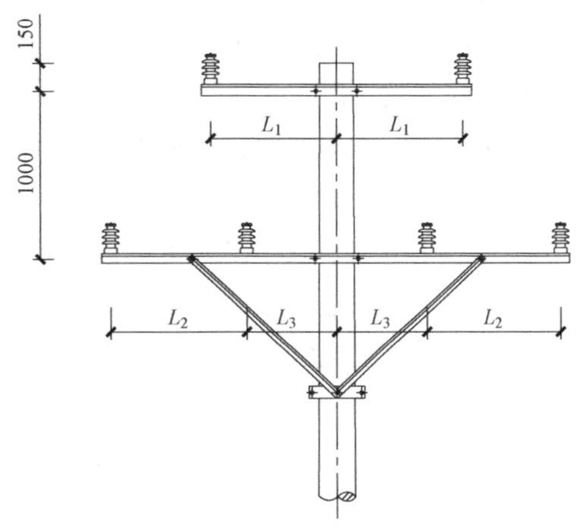

图 2-22 双回路三角排列直线杆头示意图（优化后）

5. 对不停电作业的提升成效

该方案将双垂直排列双回路直线杆中的上层横担由1500mm横担更换成了1900mm横担，下层横担由2600mm横担更换成了2700mm横担，单条线路投资成本略有提高。同杆双回路双三角形排列装置上开展如直线杆改耐张杆项目，原先由于装置原因，通常身高比较高的人员勉强可以进行作业，而身材相对矮小的人员在外侧很难实施作业，要将靠近绝缘斗一侧的导线临时转移位置，这就增加了不少工作量。经过优化调整后，使中相两相导线横向延伸，作业人员能以相对较为舒适的作业姿态进行工作，无需进行大幅度弯腰作业，无需隔着边相导线进行作业，有效地减轻了作业强度。改造后的双回路双三角形排列由于作业空间的增加，不停电作业工作难度下降，作业安全性大大提高，作业人员还能开展其他更复杂的不停电作业，进一步提升了双回路线路的供电可靠性。

2.4.3 导线混合排列直线杆

尽量避免导线混合排列，混合排列非常不利于不停电作业的开展。一些变电站出口廊道资源少，首先应优先考虑电缆出线，再考虑多回路共出，共出线段不宜过长，应及时进行分路架设，若采用共出也应选择两侧都能停车的路径。

同杆双回路上三角下水平排列，需要满足导线（引流线、设备跳线等）与电杆外壁、横担、构架、拉线、接地等地电位的距离不少于400mm，其他导线与跳线间不少于600mm。不推荐同杆三回及以上导线混合排列线路，开展不停电检修的难度较大，安全风险较高。如果需要架设同杆三回及以上线路，需要线地、线间、跳引线与地等距离满足不停电检修的安全距离要求，还要求设备接入电网时调引线与导线、与地的距离满足不停电检修的安全距离要求。

优化方案：配电线路直线杆混合排列改造（优化）

1. 适用供电网格

在一些变电站，由于出线走廊极少，因此在一定范围内会在原有主干线下方增加一回线路布置，一般适用于开发区等负荷密度相对比较集中、周围皆为厂房的区域，以及暂时过渡的架空配电线路出线段，推荐在C类及以上供电网格采用该种优化。

2. 优化前基本情况

表2-14所示为海拔3000m及以下地区10kV双回路混合排列杆头横担规格（优化前）。图2-23所示为双回路混合排列杆头示意图（优化前）。

表2-14　海拔3000m及以下地区10kV双回路混合排列杆头横担规格（优化前）（梢径230mm及以下电杆）

线型	横担使用档距	横担名称	尺寸/mm			240mm²及以下导线截面	
			L_1	L_2	L_3	主材规格/(mm×mm)	长度/mm
绝缘线	80m及以下	上横担	800	—	—	∠80×8	1700
裸导线		下横担	—	800	500	∠80×8	2700

目前，架空配电线路上三角下水平的排列方式在局部地区比较常见（图 2-23），上横担长度为 1700mm，下横担长度为 2700mm。开展上回线路外边相不停电作业时由于下回线路中相导线的存在作业比较困难。

3. 改造原则

混合排列改造时，主要考虑给上回线路外边相导线作业时留出空间，作业够不到或作业位置不合适，都是由于下回线路中相导线的阻挡造成的。因此在改造时，下回线路的中相导线必须与内边相导线布置在同一侧，给上回线路外边相导线足够的作业空间，这样调整后在作业中绝缘斗均能到达各相处导线实施作业。

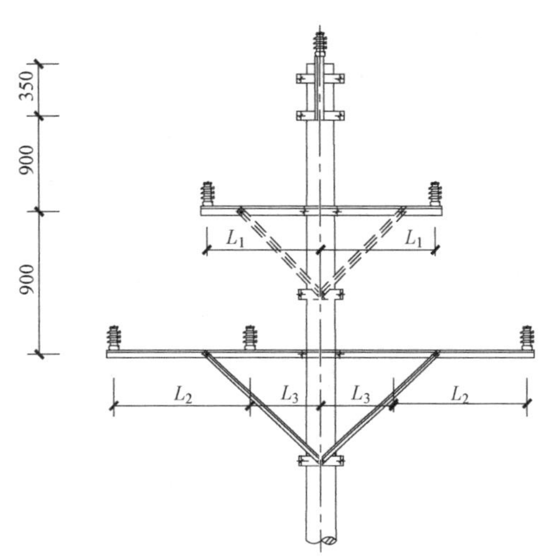

图 2-23　双回路混合排列杆头示意图（优化前）

4. 优化后情况

表 2-15 所示为海拔 3000m 及以下地区 10kV 双回路混合排列杆头横担规格（优化后）。图 2-24 所示为双回路混合排列杆头示意图（优化后）。

表 2-15　海拔 3000m 及以下地区 10kV 双回路混合排列杆头横担规格（优化后）（梢径 430mm 及以下电杆）

线型	横担使用档距	横担名称	尺寸/mm			240mm² 及以下导线截面	
			L_1	L_2	L_3	主材规格/(mm×mm)	长度/mm
绝缘线	80m 及以下	上横担	800	—	—	∠80×8	1700
裸导线		下横担	—	1000	550	∠80×8	3200

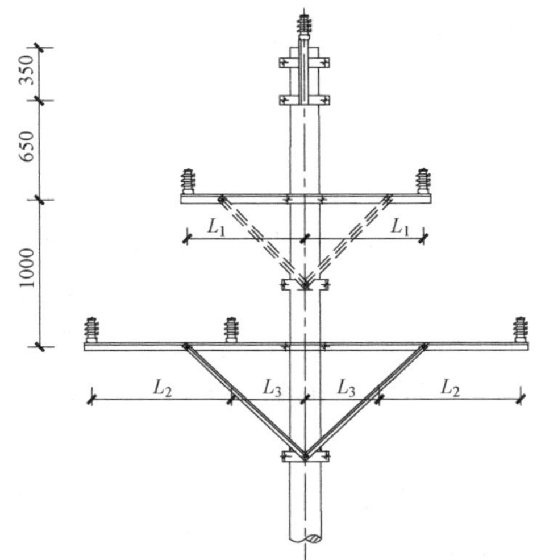

图 2-24　双回路混合排列杆头示意图（优化后）

横担长度满足水平导线与电杆外壁净空距离不少于 400mm；满足水平相间导线间距不小于 700mm，顶相导线顶帽安装于杆头下方至少 150mm 处，上、下层导线间距不少于 1000mm，线路接入设备跳线满足相对地不少于 400mm、相间不少于 600mm。根据以上要求，推荐使用档距在 80m 及以上的绝缘线杆和上横担长度为 1700mm，下横担长度为 3200mm 的裸导线杆。

5. 该方案对不停电作业的提升成效

该方案将下层导线水平排列的横担长度由 2700mm 更换成了 3200mm，单回线路投资成本略有提高，但经过改造，整个混合排列各导线均能方便配电网不停电作业灵活开展，各导线间距满足安全距离要求，可以快速便捷地调整绝缘斗和工作臂的位置，上、下两回线路分界明显，也有利于作业中避免了过多地设置遮蔽以及穿档作业，增加了作业的安全性，使得采用上层三角排列、下层水平排列的导线混合排列不停电作业效率得到提升。在业扩工程中可以大幅缩短接入用时，且目前停电、带电作业相结合工作日趋增加，不停电作业用时纳入整体安全措施时间，照此优化设计更是直接可以节约配电网工程施工时户数，提高区域配电网供电可靠性，更好地贯彻不停电就是最好的服务，并为企业带来更多的售电盈利。另外，改造前存在的下回线路中相导线阻挡上回线路外边相导线作业的问题得到解决，作业人员可以顺利到达作业位置，作业环境较友好，以往无法开展的不停电作业也能顺利开展，减少了该类杆型的停电检修时间，提高了供电可靠性。

2.5 耐张杆杆头结构优化设计

耐张杆是架空配电线路常见的杆型之一，架空配电线路耐张杆杆头结构，对开展配电网不停电作业的安全至关重要。目前按照《配电网工程通用设计　线路部分》设计建成的大部分单回路耐张杆及部分同杆架设双回架空配电线路的耐张杆，因作业过程导线受力变化大、作业空间狭小，带电体之间、带电体与地电位之间不满足配电网不停电作业的最小安全距离，从而不适合配电网不停电作业的开展。按照《配电网工程通用设计　线路部分》设计建成的架空配电线路耐张杆，只有简单消缺、绝缘子更换等少数作业项目能够采用配电网不停电作业完成。

为了缩小倒杆或断线引起的停电事故范围，需将架空配电线路分隔成若干耐张段，在耐张段的两侧安装耐张杆，方便线路的施工与检修。耐张杆按照架设回路数量也可以分为单回路耐张杆、双回路耐张杆和多回路耐张杆。

本节重点介绍架空配电线路单回路耐张杆和双回路耐张杆的不同杆头结构及其设计优化方案。

2.5.1 单回路耐张杆

单回路架空配电线路耐张杆较为常见，广泛应用于两变电站之间的配电线路主干线、分支线路，一般存在一定角度的线路转角。线路转角（简称偏角或转角）是指线路由一个方向偏向另一个方向时，偏转后的方向与原方向的夹角，用 α 表示。架空线路转角 α 即为线路转向内角的补角，如果转角度数过大，为了保证架空导线间的安全距离，一般会加装双横担。

按线路转角角度分类，单回路架空配电线路耐张杆可分为 0°～45°单回路耐张杆和 45°～90°单回路耐张杆，这两种类型皆采用三角排列和水平排列两种杆头布置形式。

0°～45°单回路耐张杆三角排列（图 2-25），转角角度不大，无需加转角横担，结构较为简单，正常设计情况下可以满足不停电检修要求。横担长度满足水平导线与电杆外壁净空距离应不少于 400mm；中导线顶架安装于杆头下方至少 150mm 处；边相导线距杆中最小间距 L 应不小于 700mm，常规直线或 15°以下小角度转角，推荐用 1500mm 长度横担。考虑到转角角度 α 会导致导线间距缩小，同时也考虑到横担长度对于不停电作业施工的便利性，一般 15°以上转角，推荐用 1900mm 长度横担。

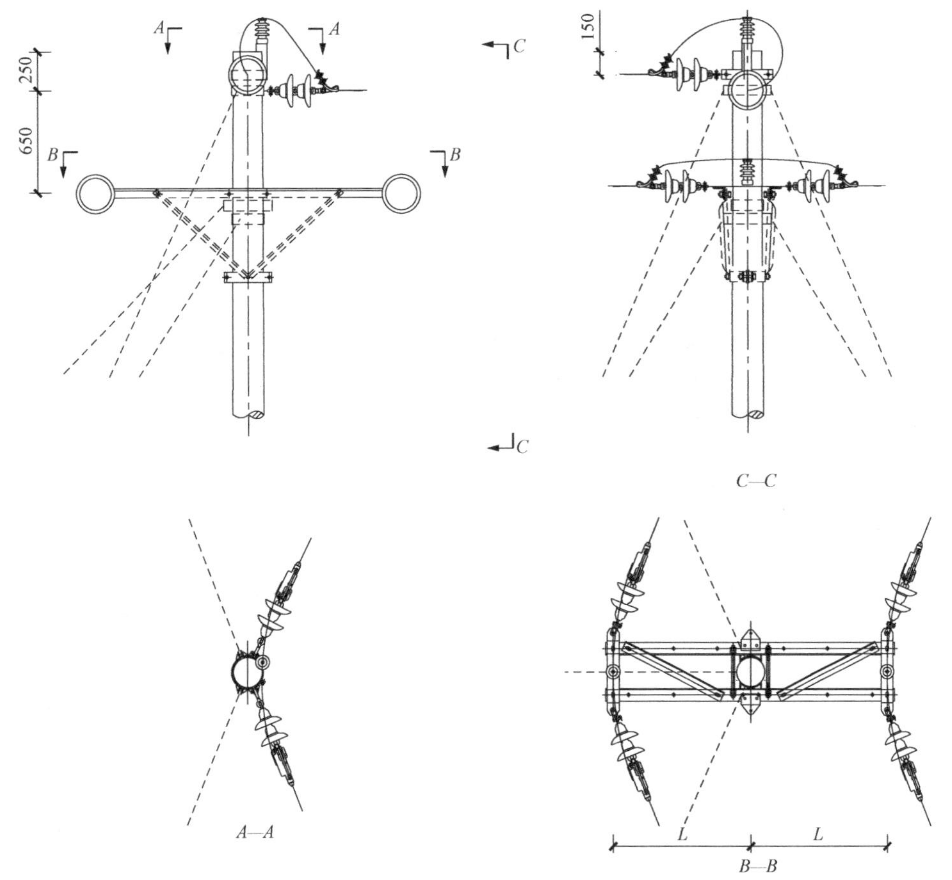

图 2-25　三角排列 0°～45°单回路耐张杆图

0°～45°单回路耐张杆水平排列（图 2-26），横担长度满足水平相间导线间距不少于 700mm；中导线顶架安装于杆头下方至少 150mm 处；相对于三角排列，其对地净空距离得到提高，有助于跨越树障、弱电线路、道路等，单回路耐张杆正常设计基本能满足不停电检修要求。

三角排列、水平排列的 45°～90°单回路耐张杆，由于转角角度较大，需加转角横担，分两层横担，拉线对装置的影响比较大，不推荐 45°～90°单回路耐张杆三角排列方式（图 2-27），相反 45°～90°单回路耐张杆水平排列方式（图 2-28）略微简单，层次分明，受拉线影响较小。

优化方案一：配电线路 45°～90°单回路耐张杆导线三角排列优化为水平排列

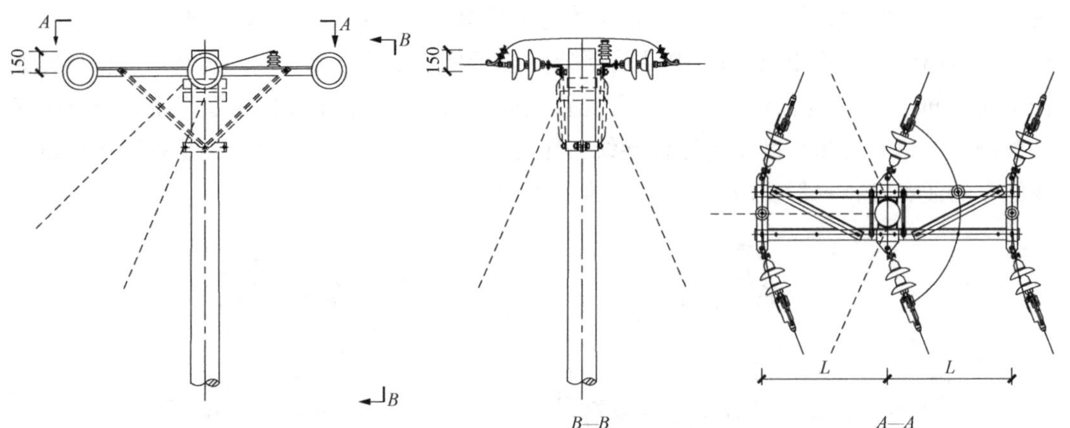

图 2-26　水平排列 0°～45°单回路耐张杆图

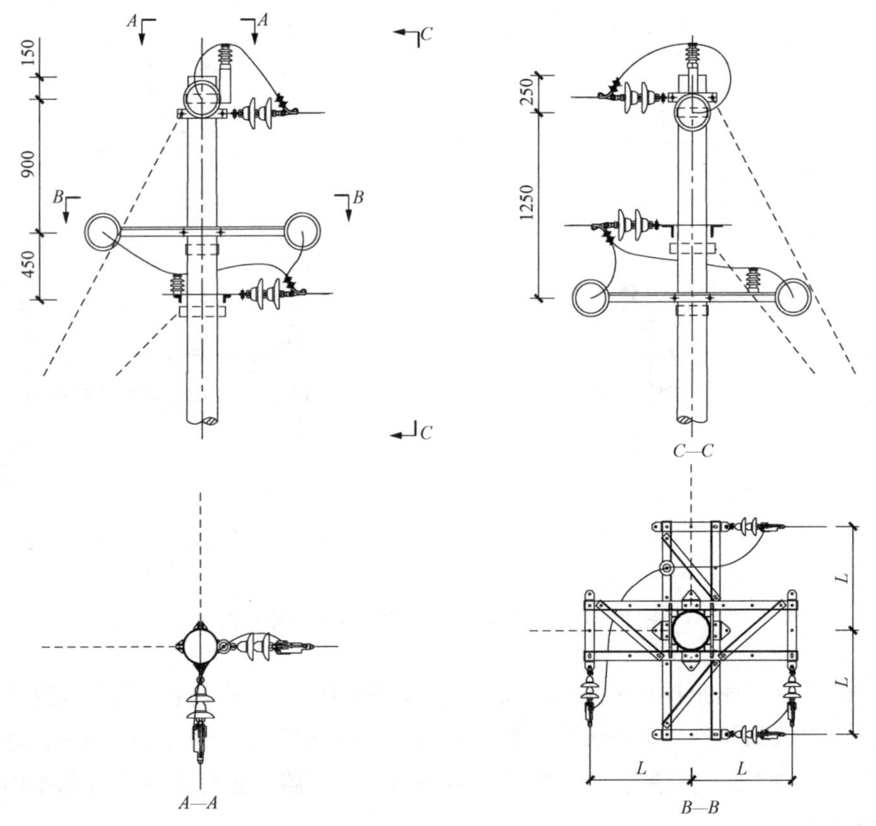

图 2-27　单回路 45°～90°三角排列耐张杆

1. 适用供电网格

一般适用于城镇化的乡镇区、开发区等负荷密度相对比较集中的地域，并广泛应用于架空配电主干线路，推荐在 C 类及以上供电网格采用该种优化。

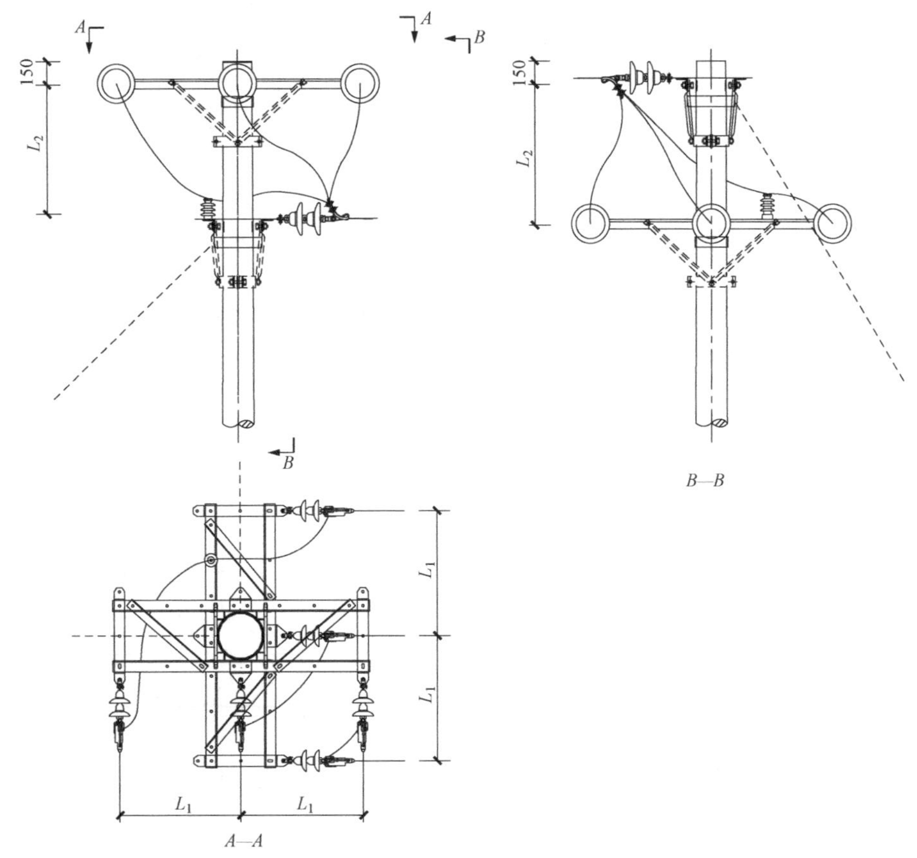

图 2-28 单回路 45°～90°水平排列耐张杆

2. 优化前基本情况

图 2-29 所示为 45°～90°单回路三角排列耐张转角水泥单杆杆头示意图（优化前）。表 2-16 所示为海拔 3000m 及以下地区 10kV 45°～90°单回路三角排列杆头横担规格。

表 2-16 海拔 3000m 及以下地区 10kV 45°～90°单回路三角排列杆头横担规格（梢径 230mm 及以下电杆）

线型	横　担 使用档距	尺寸/mm	240mm²及以下导线截面	
		L	主材规格/(mm×mm)	长度/mm
绝缘线	80m 及以下	700	∠75×8	1500
裸导线	60m 及以下	700	∠75×8	1500
	80～100m	900	∠80×8	1900

目前水平排列横担长度如下：绝缘线档距在 80m 及以下时采用 1500mm 横担；裸导线档距在 60m 及以下时采用 1500mm 横担，在 80m～100m 时采用 1900mm 横担。几种横担的水平相间距为 450～900mm。由于受电侧中相与来电侧中相在同一高度，因此在某些配合一侧更换导线的作业项目中，容易造成带电与无电的界面不清晰，如更换受电

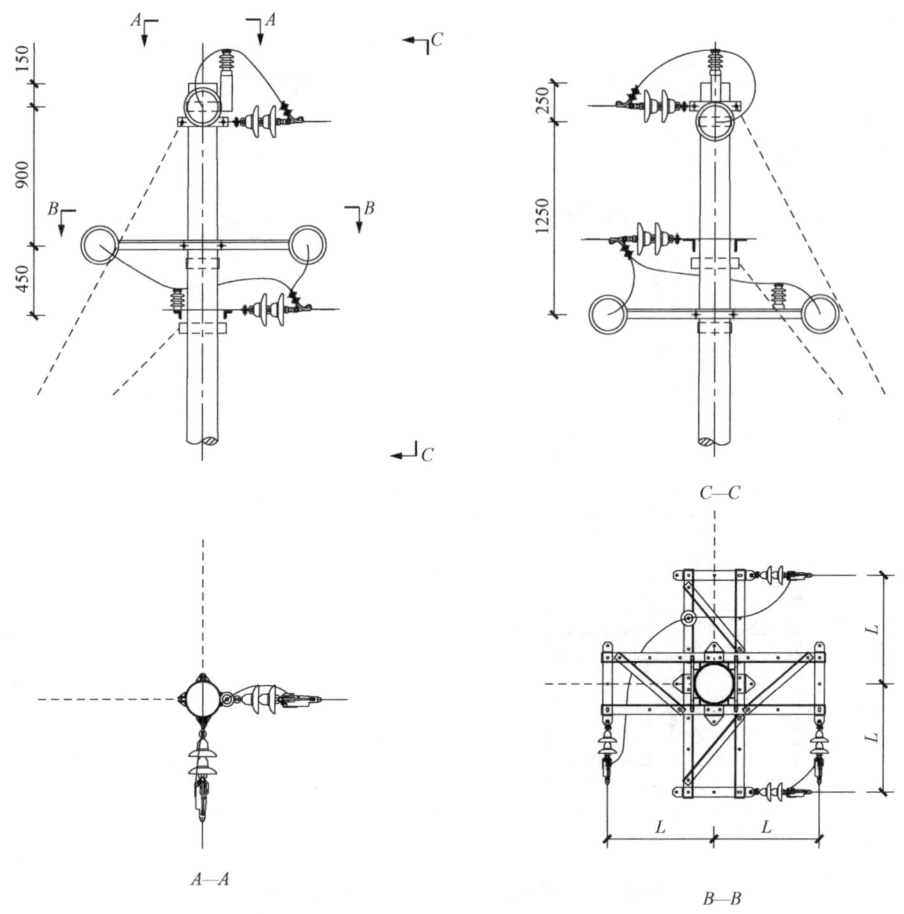

图 2-29 45°～90°单回路三角排列耐张转角水泥单杆杆头示意图（优化前）

侧导线，第一层顶帽一侧有电，另一侧无电，第二层有电，而第三层无电。在工作中随着作业位置的不同，防护措施也要及时做出调整，因此存在作业过程中遮蔽工作量大的情况，从而降低了配电网不停电作业的工作效率。

3. 改造原则

对来电与受电两侧三角排列的导线进行单层整合，取消中相顶帽及抱箍设置，单侧按水平排列布置，两侧都使用一层横担进行分区，提高对地净空距离。改为水平装置后需增加相间导线间距，以满足水平相间导线间距不少于700mm的要求，必要时可以采用钢管杆或铁塔代替钢筋混凝土电杆来提高耐张杆塔强度，减少拉线的使用，简化装置结构，以便于不停电作业的开展。

4. 优化后情况

图 2-30 所示为45°～90°单回路水平排列耐张转角水泥单杆杆头示意图（优化后）。表 2-17 所示为海拔3000m及以下地区10kV45°～90°单回路水平排列杆头横担规格。

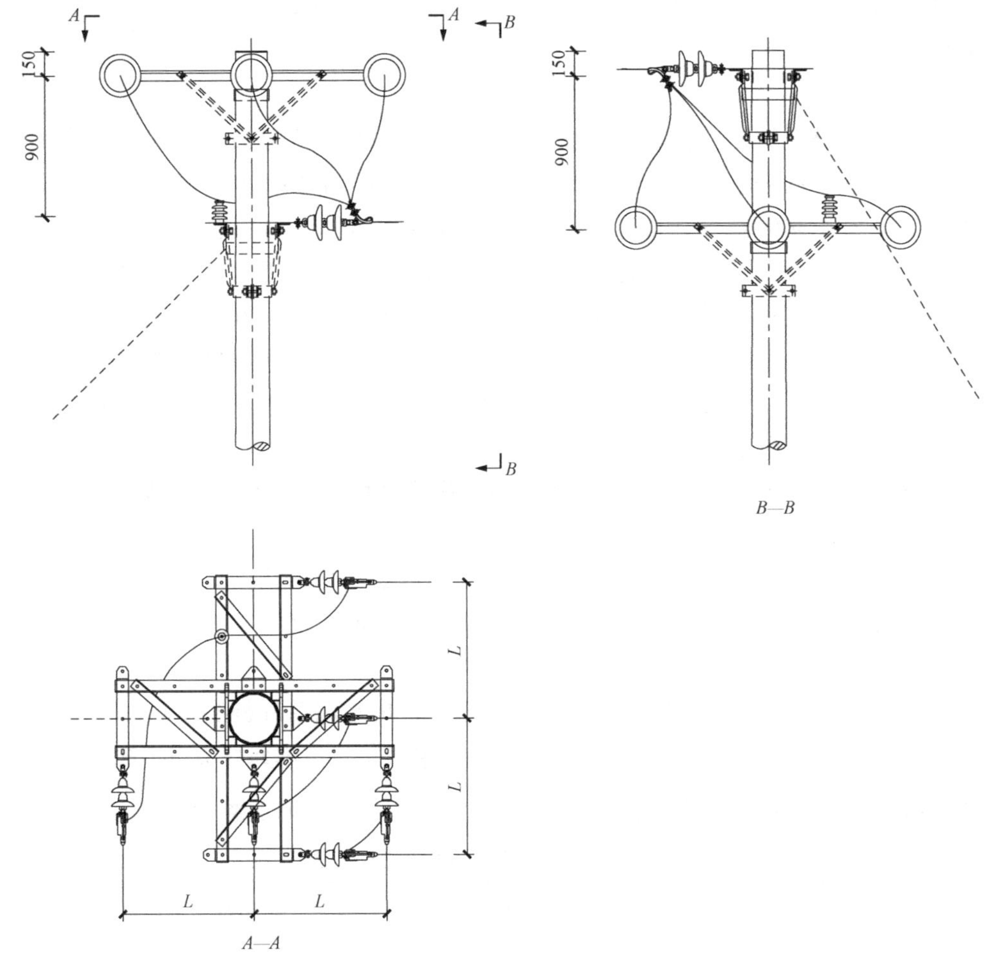

图 2-30　45°～90°单回路水平排列耐张转角水泥单杆杆头示意图（优化后）

表 2-17　海拔 3000m 及以下地区 10kV 45°～90°单回路水平排列杆头横担规格（梢径 430mm 及以下电杆）

线型	横担使用档距	尺寸/mm	240mm²及以下导线截面	
		L	主材规格/(mm×mm)	长度/mm
绝缘线	80m 及以下	800	∠80×8	1900
裸导线	60m 及以下	900	∠80×8	1900
	60～80m	1000	∠80×8	2100

优化后来电侧与受电侧均采用水平排列，分上、下两层横担，来电侧与受电侧分区明显，绝缘线档距在 80m 及以下和裸导线档距在 60m 及以下时采用 1900mm 横担，裸导线档距在 80m 及以上时采用 2300mm 横担。两层横担之间的安装距离为 600～900mm。

下层横担由于上层线路拉线的存在，在 50°～70°之间，横担安装高度在一定范围内可略做调整。

5. 该方案对不停电作业的提升成效

经过优化调整后简化了装置，单条线路投资成本降低，在迁改、大修及新建线路项目中可以大幅度节约停电时户数，提高区域配电网供电可靠性。同时整体提高了导线对地净空距离，线路来电侧与受电侧两侧界面清晰，对于配合更换一侧导线有很大的便利性与安全性，尤其是在更换受电侧导线时，带电与无电的界面非常清晰，也非常有利于做绝缘遮蔽措施，这种杆型的设计也有利于带电迁移导线作业，在业扩工程中可以大幅度缩短接入用时，且目前停带结合工作日趋增加，不停电作业用时纳入整体安全措施时间，照此优化设计可以节约配电网工程施工时户数，更好地贯彻不停电就是最好的服务理念，并为企业带来更多的售电盈利。

优化方案二：配电线路 45°～90°单回路耐张杆导线垂直排列改造（优化）

1. 适用供电网格

一般适用于城镇化的乡镇区、开发区等负荷密度相对比较集中的地域，广泛应用于架空配电主干线路，推荐在 C 类及以上供电网格采用该种优化。

2. 优化前基本情况

图 2 - 31 所示为 45°～90°单回路三角排列耐张转角水泥单杆杆头示意图（优化前）。表 2 - 18 为海拔 3000m 及以下地区 10kV 45°～90°单回路三角排列杆头横担规格。

表 2 - 18　海拔 3000m 及以下地区 10kV 45°～90°单回路三角排列杆头横担规格（梢径 230mm 及以下电杆）

线型	横担使用档距	尺寸/mm	240mm² 及以下导线截面	
		L	主材规格/(mm×mm)	长度/mm
绝缘线	80m 及以下	700	∠75×8	1500
裸导线	60m 及以下	700	∠75×8	1500
	80～100m	900	∠80×8	1900

目前水平排列横担长度如下：绝缘线档距在 80m 及以下时采用 1500mm 横担，裸导线档距在 60m 及以下时采用 1500mm 横担，80m～100m 时采用 1900mm 横担。几种横担的水平相间距为 450～900mm。由于受电侧的中相与来电侧中相在同一高度，在某些配合一侧更换导线的作业项目中，容易造成带电与无电的界面不清晰，如更换受电侧导线，第一层顶帽一侧有电，另一侧无电，第二层有电而第三层无电。工作中随着作业位置变化，防护措施也要及时调整，因此存在作业过程中遮蔽工作量大的情况。

3. 改造原则

简化来电侧与受电侧的三角排列，将其他两相也按照中相装置的方式进行安装，单

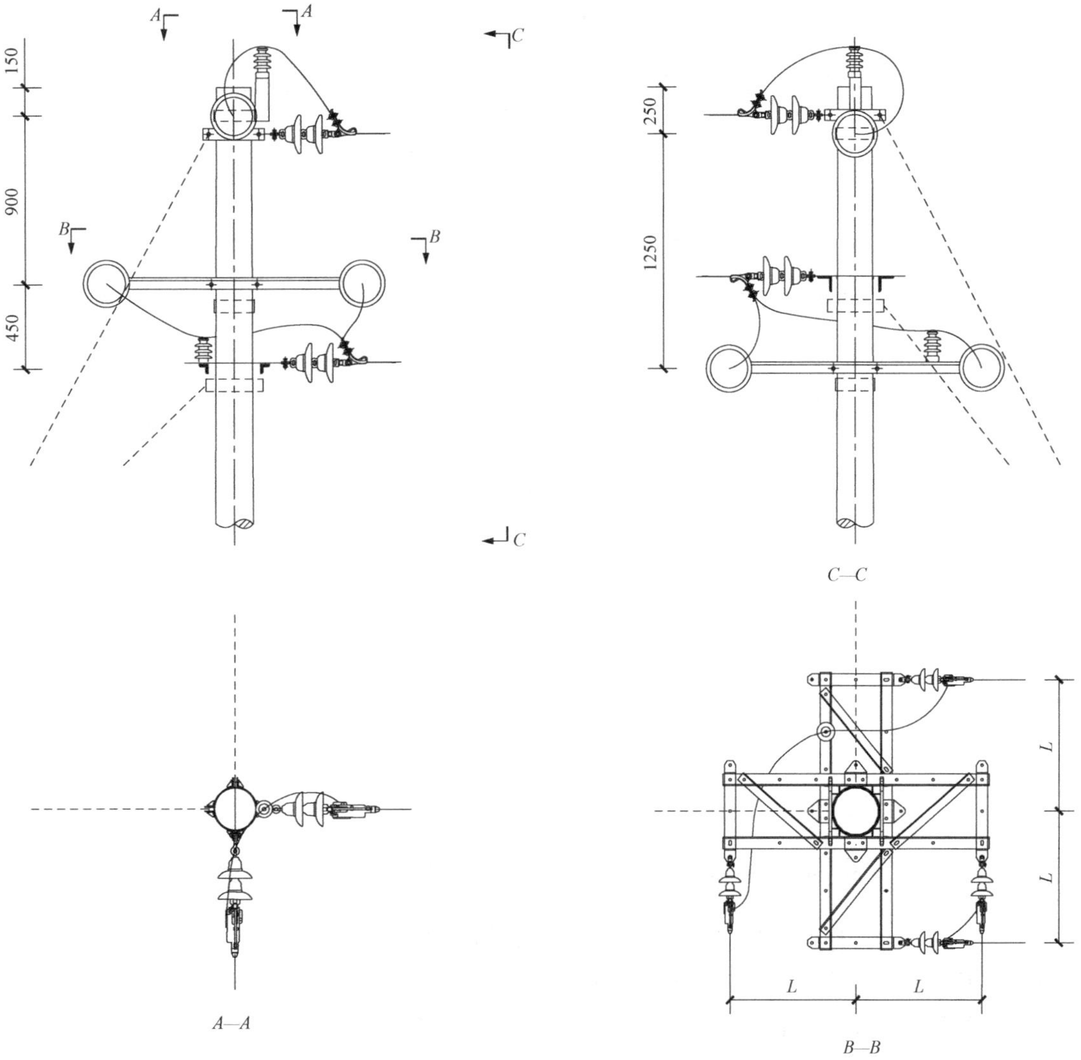

图 2-31　45°～90°单回路三角排列耐张转角水泥单杆杆头示意图（优化前）

侧按垂直排列布置，两侧都使用三层抱箍进行固定安装。改为垂直装置后调整相间导线间距，以满足水平相间导线间距不少于 700mm 的要求，简化和轻量化装置结构，便于不停电作业的开展。

4. 优化后情况

图 2-32 所示为 45°～90°单回路垂直排列耐张转角水泥单杆杆头示意图（优化后）。

优化后来电侧与受电侧均采用垂直排列，分上、中、下三层，各层抱箍之间的安装距离为 800mm。在 45°～90°之间各层不受拉线影响，安全距离满足设计要求。

5. 该方案对不停电作业的提升成效

经过优化调整后简化了装置，单条线路投资成本降低，在迁改、大修及新建线路项目中可以大幅度节约停电时户数，提高区域配电网供电可靠性。同时通过优化方案使得

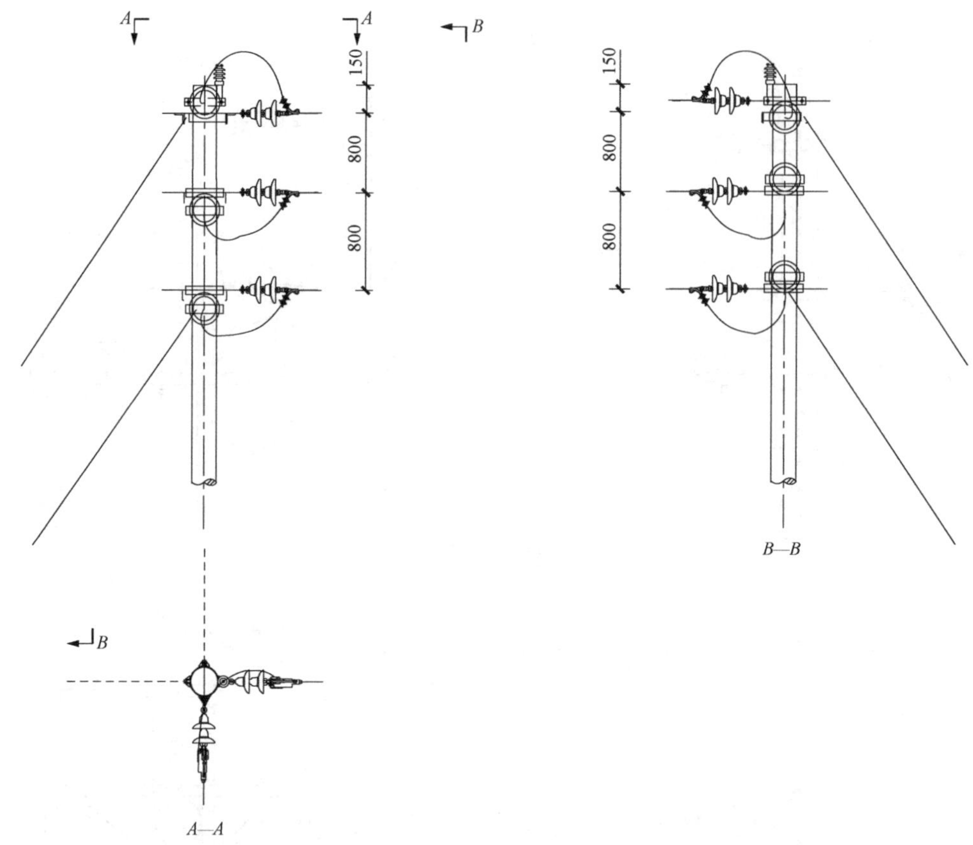

图 2-32　45°～90°单回路垂直排列耐张转角水泥单杆杆头示意图（优化后）

作业时空间更大，作业人员在工作中整体活动范围也得以增加，提高了整体作业安全性。按照从下到上的遮蔽原则实施遮蔽，顺序更加清晰，路径更加直观，设置遮蔽措施更方便，可以大幅度提高作业过程中安措布设时间，同时方便工作负责人及专责监护人更好地进行全面安全管控。无论是更换耐张绝缘子还是更换非承力线夹项目，本装置都体现了不停电作业友好型装置的特性。

2.5.2　双回路耐张杆

在城镇区域的变电站，由于出线走廊较少，多采用架空同杆塔双回路出线布置。这种布置方式一般适用于城镇化的乡镇区、开发区等负荷密度相对集中的地域，广泛应用于架空配电主干线路。

目前双回路杆头布置导线的排列方式共有三种，分别为双水平排列、双三角排列以及双垂直排列。

图 2-33～图 2-35 所示分别为 0°～45°双回路耐张杆杆头布置导线双水平排列、双三角排列和双垂直排列示意图，图 2-36 所示为 45°～90°双回路耐张杆杆头布置导线双垂直排列示意图。

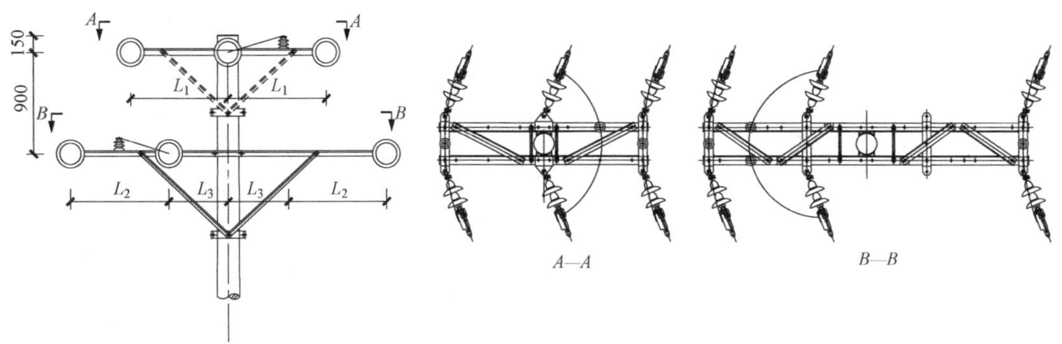

图 2-33　0°～45°双回路耐张杆杆头布置导线双水平排列示意图

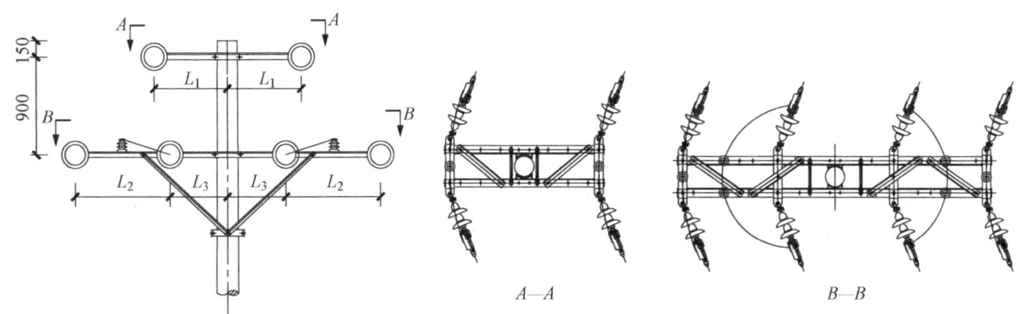

图 2-34　0°～45°双回路耐张杆杆头布置导线双三角排列示意图

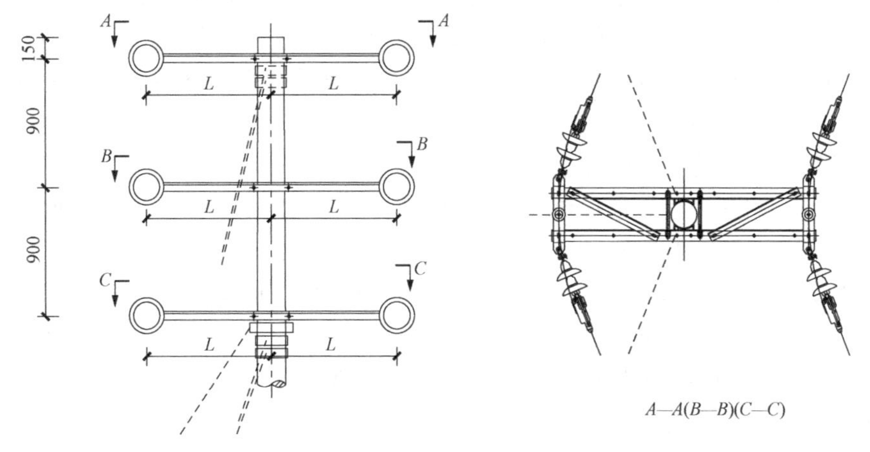

图 2-35　0°～45°双回路耐张杆杆头布置导线双垂直排列示意图

比较上述三种 0°～45°双回路耐张杆杆头布置导线的排列方式，特点如下：

（1）双回路耐张杆杆头布置导线双水平排列方式最不利于不停电作业的开展，尤其在上层回路中相作业时，由于下层导线的存在，使得绝缘斗很难到达作业位置，或者在作业中需要增加大量的遮蔽措施，这就大大降低了配电网不停电作业的工作效率。其次，上层回路进行分支回路接入时，下层回路对其影响较大，因此双回路耐张杆杆头布置不

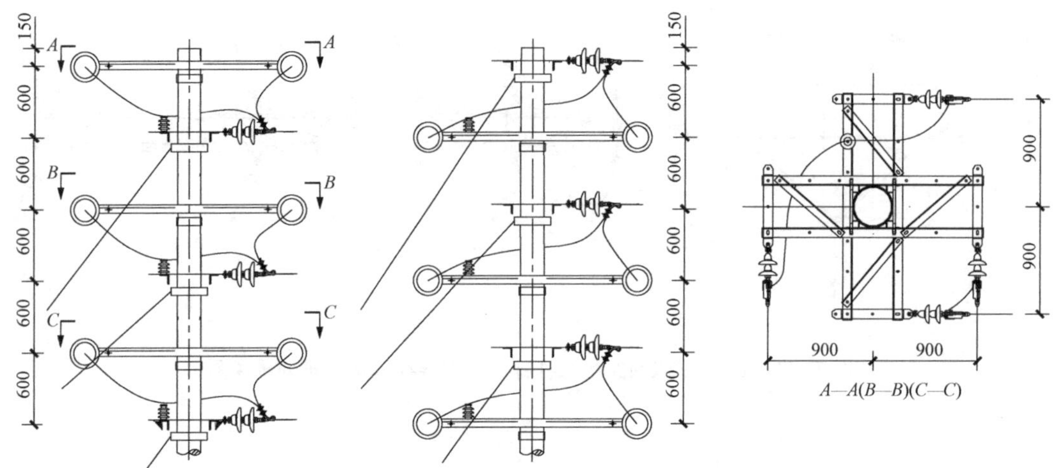

图 2-36　45°～90°双回路耐张杆杆头布置导线双垂直排列示意图

推荐双水平排列方式。

(2) 双回路耐张杆杆头布置导线双垂直排列方式，排列最简单清晰，相相之间在空间上最独立，作业的层次感非常清晰，基本不用考虑作业面背后的防护情况。杆位方面，线路若处于机动车道和人行道之间或者是内外都能停车的路径上，那么双回路耐张杆杆头布置导线垂直排列方式是非常好的选择。如采用绝缘手套作业法，如果班组配备的绝缘斗臂车为直伸臂，只要线路一侧能停车就可以顺利开展作业；如果班组配备的绝缘斗臂车为混合臂或折叠臂，由于折臂的角度没有直伸臂垂直，双回路外侧上横担导线作业时，绝缘臂受到下层横担导线的阻挡，绝缘斗将无法到达外侧上横担导线作业位置。此外，双回路耐张杆杆头布置导线双垂直排列方式比较适合采用绝缘脚手架为作业平台，由于两回线路在电杆两侧成垂直排列，作业面单一，不必穿档作业，如在更换各相绝缘子、线夹等项目中都能处在最合适的位置。

(3) 双回路耐张杆杆头布置导线双三角排列方式，如采用绝缘手套作业法，无论哪种车型，在任何一侧作业均能灵活到达工作位置开展作业。双回路双三角（左右各 1 回路），需要满足导线（引流线、设备跳线等）与电杆外壁、横担、构架、拉线以及接地等地电位的距离不少于 400mm，垂直线间距离不少于 900mm，其他导线与跳线间不少于 600mm。因此，双回路耐张杆杆头布置导线双三角排列方式是以上三种杆头布置导线的排列方式中最值得推荐的一种。

可见在 0°～45°范围内双回路耐张杆杆头布置导线的排列方式以双三角排列和双垂直排列为首选，一般不建议采用双回路耐张杆双水平排列。而在 45°～90°范围内，采用双三角排列或双垂直排列都不是很合适，此时横担多至四到六层，非常不利于不停电作业及施工检修。

优化方案：配电线路 45°～90°双回路耐张杆杆头布置导线垂直排列改造（优化）

1. 适用供电网格

该优化方案一般适用于配电网改造资金充足，城镇化的乡镇区、开发区等负荷密度相对比较集中的地域，广泛应用于架空配电主干线路。推荐在C类及以上供电网格采用该种优化。

2. 优化前基本情况

图2-37所示为45°～90°双回路垂直排列耐张转角杆杆头示意图。表2-19所示为海拔3000m及以下地区10kV 45°～90°双回路垂直排列杆头横担规格。

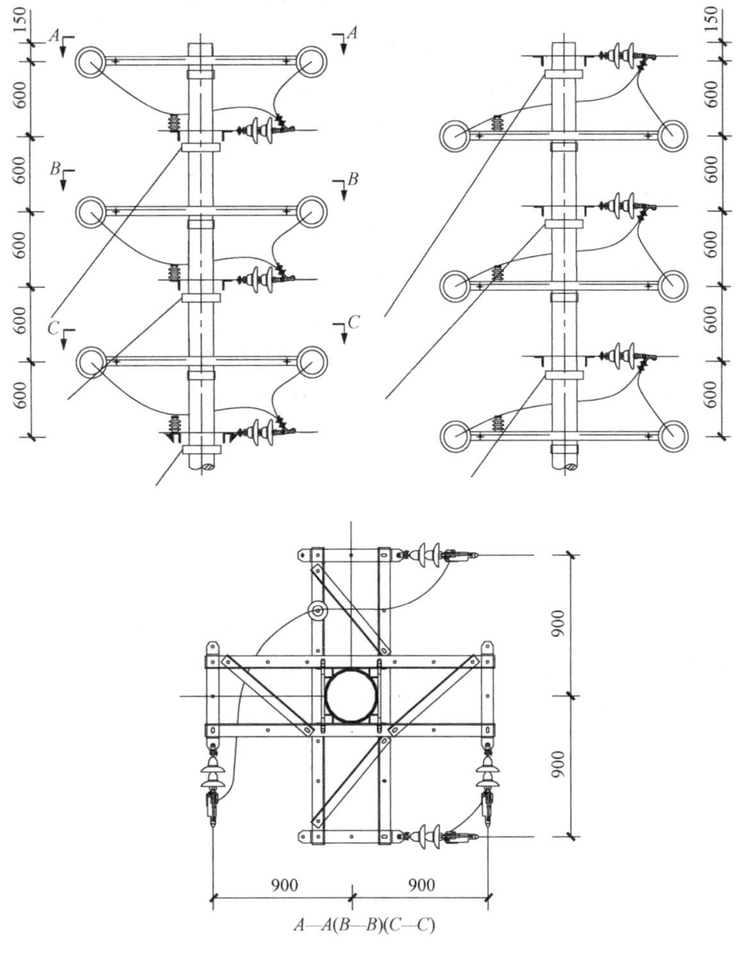

图2-37　45°～90°双回路垂直排列耐张转角杆杆头示意图

表2-19　海拔3000m及以下地区10kV 45°～90°双回路垂直排列杆头横担规格（梢径230mm及以下电杆）

线型	横　担 使用档距	尺寸/mm	240mm²及以下导线截面	
		L	主材规格 /(mm×mm)	长度/mm
绝缘线	80m及以下	900	∠80×8	1900
裸导线	80m及以下			

目前45°～90°双回路耐张杆杆头布置导线垂直排列如图2-37所示。装置非常复杂，共有3根拉线，横担多达六层，作业空间十分狭小。绝缘线和裸导线档距在80m及以下的杆上横担长度都为1900mm，且层间距非常紧凑，横担与横担之间只有600mm，同侧横担之间达到1200mm。可见外侧顶相将无法到达开展带电作业。

3. 改造原则

针对如此复杂的杆型，首先要简化六层横担，减少拉线的数量，由此可见，要起到45°～90°双回路耐张作用时传统水泥杆很难做到，而钢管杆具有承载力大，装置层次简单，不用打拉线的优点，为安全运行能提供有力保证。因此，为保证配电网不停电作业的安全开展，在资金充裕的情况下，可考虑将45°～90°双回路钢筋混凝土耐张杆置换成钢管杆或铁塔，取消拉线。

4. 优化后情况

(1) 采用双回路导线双三角排列耐张钢管杆。上横担长度为900～1350mm，下横担长度为1750～2200mm，下横担单回两相导线间距为1150～1600mm，内侧导线与钢管杆的间距为600mm。上下横担的间距为1000mm。图2-38所示为45°～90°双回路三角排列耐张钢管杆杆头示意图（优化后）。表2-20为海拔3000m及以下地区10kV45°～90°双回路三角排列耐张钢管杆杆头横担规格。

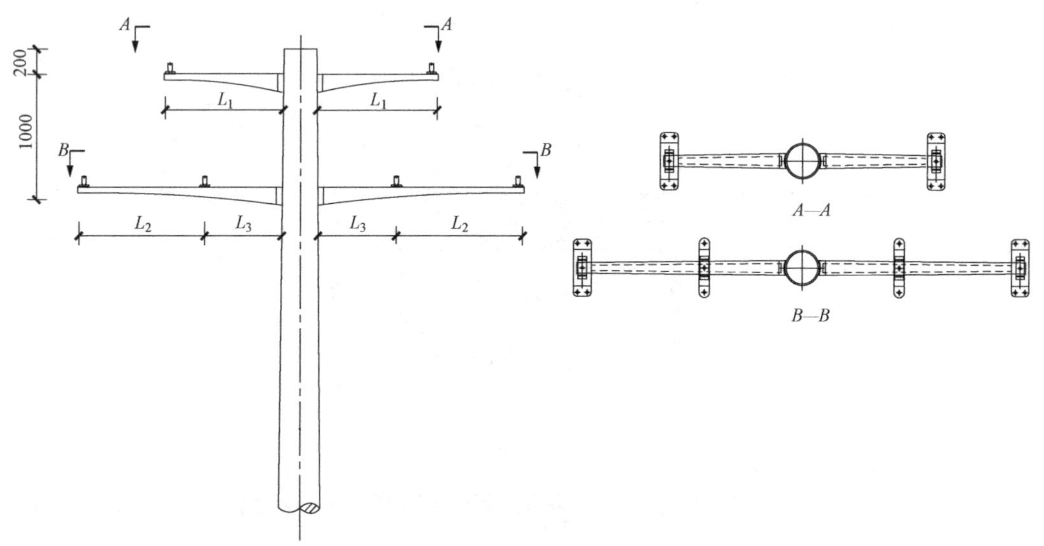

图2-38　45°～90°双回路三角排列耐张钢管杆杆头示意图（优化后）

表2-20　海拔3000m及以下地区10kV 45°～90°双回路三角排列耐张钢管杆杆头横担规格

线型	转角度数	横　担 使用档距	横担名称	尺寸/mm		
				L_1	L_2	L_3
绝缘线	90°及以下	80m及以下	上横担	900	1150	600
			下横担			

续表

线型	转角度数	横担使用档距	横担名称	尺寸/mm		
				L_1	L_2	L_3
裸导线	45°～90°	60m及以下	上横担	1000	1300	600
			下横担			
		60～80m	上横担	1350	1600	600
			下横担			

(2) 采用双回路导线双垂直排列耐张钢管杆。上、下横担长度为900～1350mm，中横担长度为1000～1450mm，上、下横担的间距为1000mm。图2-39所示为45°～90°双回路垂直排列耐张钢管杆杆头示意图（优化后）。表2-21所示为海拔3000m及以下地区10kV45°～90°双回路垂直排列耐张钢管杆杆头横担规格。

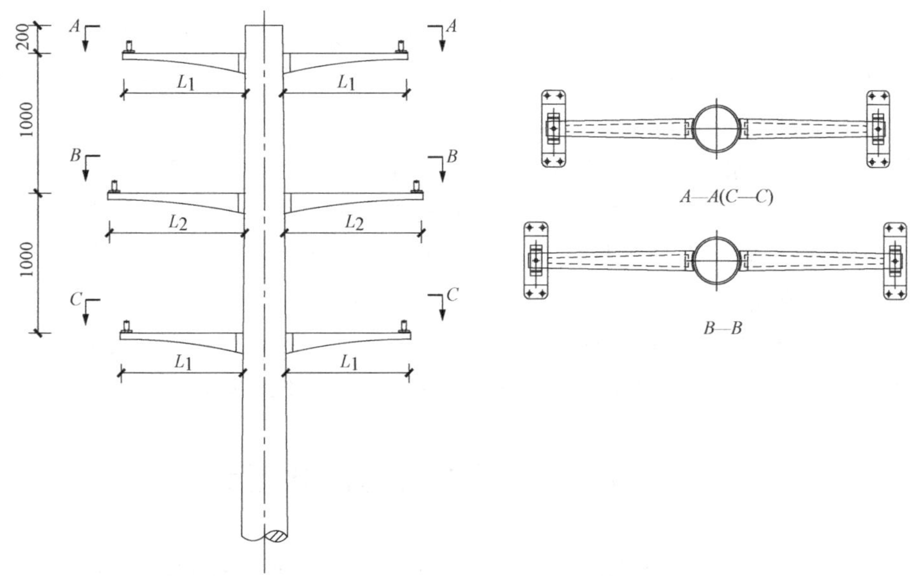

图2-39　45°～90°双回路垂直排列耐张钢管杆杆头示意图（优化后）

表2-21　海拔3000m及以下地区10kV45°～90°双回路垂直排列耐张钢管杆杆头横担规格

线型	转角度数	横担使用档距	横担名称	尺寸/mm	
				L_1	L_2
绝缘线	90°及以下	80m及以下	上、下横担	900	1000
			中横担		
裸导线	45°～90°	60m及以下	上、下横担	1000	1100
			中横担		
		60～80m	上、下横担	1350	1450
			中横担		

5. 该方案对不停电作业的提升成效

经过优化调整后虽然简化了装置，取消了拉线，但因使用了钢管塔单条线路投资成本提高，钢管塔在防外破等方面有着钢筋混凝土杆塔无法比拟的优势，且通过此类优化设计简化了原有杆上复杂的装置，45°～90°双回路耐张杆无论是采用双回路双三角耐张钢管杆或是双回路双垂直耐张钢管杆都能很好地适应不停电作业的开展，同时通过优化方案使得作业时空间更大，作业人员在工作中整体活动范围也得以增加，提高了整体作业安全性。在迁改及大修工程中，可以大幅度缩短线路架设过程中铁件安装时间，缩短停电时户数，提高区域配电网供电可靠性。

通过钢管杆的应用，简化了原有杆上复杂的装置，45°～90°双回路耐张杆无论是采用双回路双三角耐张钢管杆或是双回路双垂直耐张钢管杆都能很好地适应不停电作业的开展。

双回路双三角耐张钢管杆提高了导线对地的净空安全距离，两层横担的装置既简单又清晰，即使作业人员要对杆顶两相导线实施作业，也能够通过两回线路中间穿档进入，两回线路水平最小的距离在1400mm以上，绝缘斗能够轻松进入，且顶相导线与穿越导线之间垂直距离为300～750mm之间，可实现作业。

双回路双垂直耐张钢管杆，从不停电作业的作业界面上看，左右各一回线路，而且同一水平面两侧都只有一相导线，安全距离把控上更加可靠，上、中、下各层横担层次分明，作业路径清晰。即使外侧线路无法在线路外侧实施作业，两回线路之间有着2000mm的水平空间也足以让绝缘斗轻松穿档开展作业。

虽然钢管杆在45°～90°双回路耐张杆上装置、空间、安全距离都有着明显优势，但是钢管杆造价也比较高，一些地方由于配电网投资资金短缺，钢管杆使用情况较少。

2.6 分支杆杆头结构优化设计

分支杆是架空配电线路常见的杆型之一。分支杆用在分支线路与主配电线路的连接处，在主干线方向上它可以是直线型或耐张型杆，在分支线方向上则是终端杆；分支杆除承受直线杆所承受的荷载外，还要承受分支导线垂直荷重、水平风力荷重和分支线方向导线的全部拉力。分支杆按照导线回路数量也可以分为单回路分支杆、双回路分支杆，多回路由于杆上装置复杂，一般不设分支。

分支杆设在分支线路连接处时，在分支杆上应装拉线，用来平衡分支线拉力。分支杆结构可分为丁字分支和十字分支两种：丁字分支是在横担下方增设一层双横担，以耐张方式引出分支线；十字分支是在原横担下方设两根互成90°的横担，然后引出分支线。

线路支出不管是单回路线路还是双回路线路都有直接支出、经熔断器或断路器支出以及经断路器支出等形式。直接支出是指分支线从干线杆上不经过其他杆上设备直接支出，这种支出方式结构简单，没有其他开关类设备，一般能够满足不停电作业条件，无需进行改造。经熔断器、隔离开关或断路器支出是指分支线从干线杆上不经过其他杆上设备如熔断器、隔离开关或断路器支出支出，这种支出方式由于杆上开关设备夹在上层干线和下层支线之间，使得不停电作业环境变得复杂，作业空间受到限制，需要增加大量绝缘遮蔽工作，不利于开展不停电作业，需要对其进行改造。

架空配电线路分支杆杆头结构，对开展配电网不停电作业的安全至关重要。目前按照《配电网工程通用设计　线路部分》设计建成的大部分单回路分支杆、部分同杆架设双回路架空配电线路的分支杆因作业过程导线受力变化、作业空间狭小，以及带电体之间、带电体与地电位之间等安全距离不满足配电网不停电作业的最小安全距离而不适应配电网不停电作业。按照《配电网工程通用设计　线路部分》设计建成的架空配电线路分支杆只有简单消缺、绝缘子更换等少数作业项目满足采用配电网不停电作业来实施开展。

本节重点介绍架空配电线路分支杆的不同杆头结构及其设计优化方案，图2-40所示为不同类型分支杆。

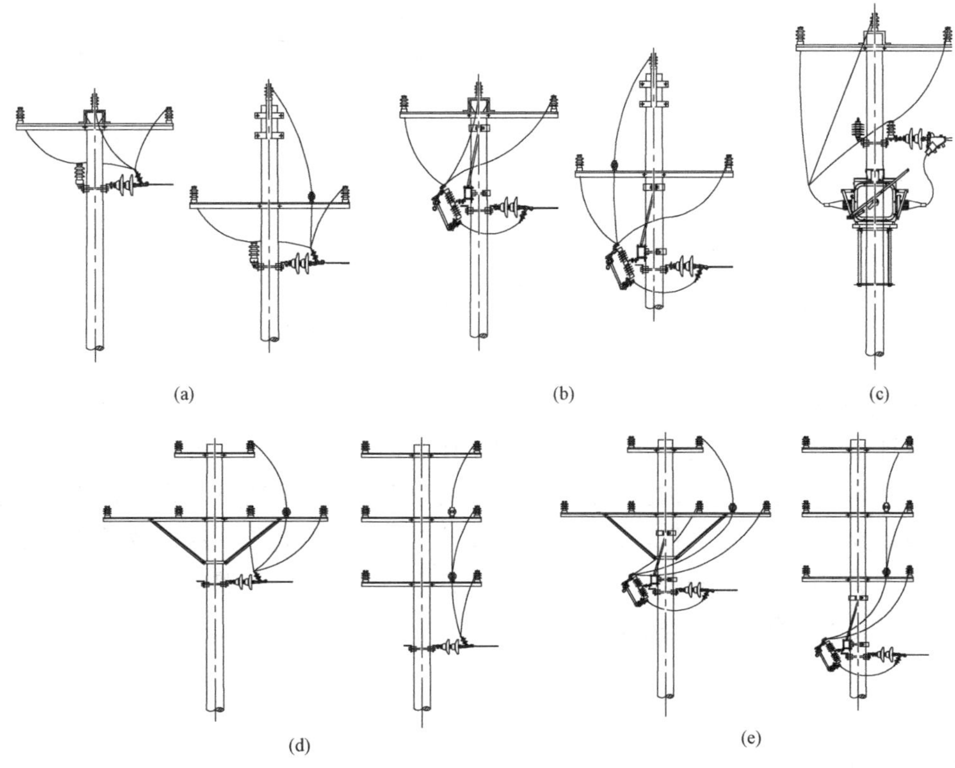

图2-40　不同类型分支杆

(a) 10kV单回路直线无熔丝支接装置；(b) 10kV单回路直线有熔丝支接装置；(c) 10kV直线有真空开关支接装置；(d) 10kV双回路直线无熔丝支接装置；(e) 10kV双回路直线有熔丝支接装置

优化方案：配电线路分支形式改造（优化）

1. 适用供电网格

配电网线路主干线上的分支线路及分支1号杆，且分支1号杆周边地形和环境不是很复杂。

2. 优化前基本情况

目前主干线分支杆都装有跌落式熔断器或开关，分支线经跌落式熔断器或开关支出，如图 2-41 所示。从装置上进行比较，分支杆由于设备的存在，其与直接支出相比装置更为复杂。从不停电作业角度上看，若主干线需进行旁路作业，由于主干线与分支线存在上、下层关系，该作业点要对下层分支线带电部位做大量的绝缘遮蔽措施，还要采取措施防止更换主导线时主导线接触带电的分支线。

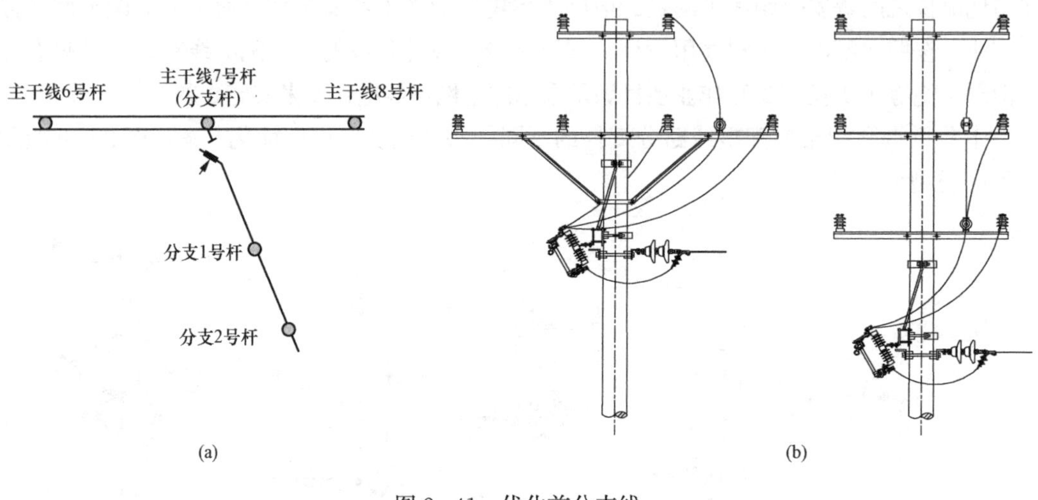

图 2-41　优化前分支线

(a) 主干线与分支线关系；(b) 10kV 双回路直线有熔丝支接装置

3. 改造原则

为保证主干线畅通，适应开展旁路不停电作业，将原有上、下的主、分支线结构转变为左、右的主、分支线结构。简化主干线上的分支杆装置，将分支设备后移，就近合适位置设置分支线线路 1 号杆，将分支设备安装在分支 1 号杆上。这样做可以将夹在上层干线和下层支线之间的开关设备转移到分支杆上，对于分支线路的停送电并没有负面影响，且更有利于线路的不停电检修。

4. 优化后情况

以图 2-42 和图 2-43 为例，主干线 7 号杆是某段双回路线路中的一个分支杆，将主干线 7 号杆原熔断器支出改为直接支出，简化主干线 7 号杆分支装置，使得比较容易出现故障的跌落式熔断器安装在结构更简单的单回路分支 1 号杆上。

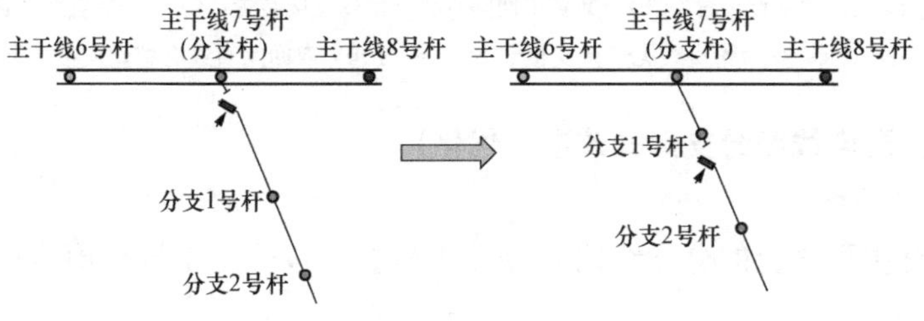

图 2-42　分支线优化方案

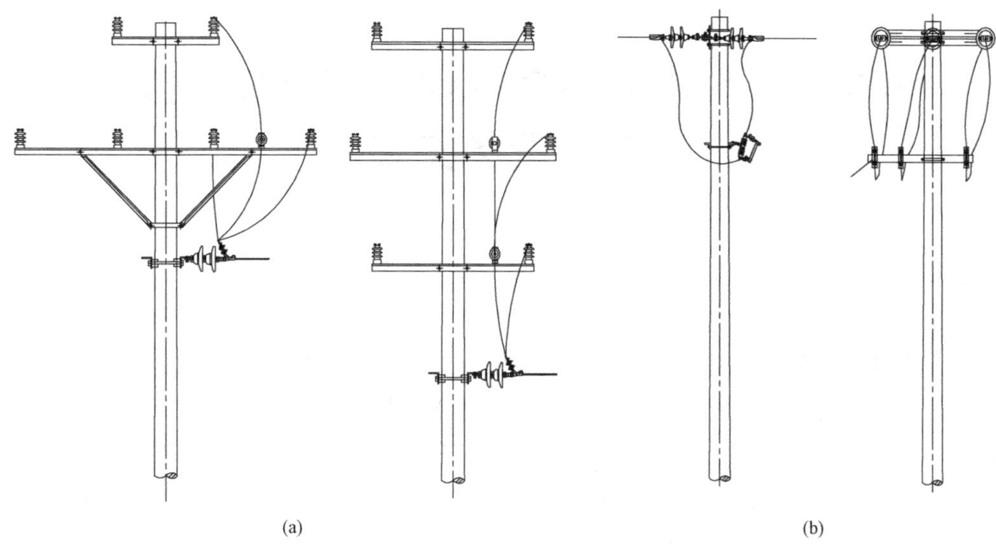

图 2-43　主干线 7 号杆（分支杆）和分支 1 号杆优化方案

（a）主干线 7 号杆（分支杆）；（b）分支 1 号杆

5. 该方案对不停电作业的提升成效

经过优化调整后只是将分支跌落式熔断器位置做了改变，其他装置基本无变化，因此单条线路投资成本基本不变，但在迁改、大修及新建线路项目中可以大幅度减少停电时户数，提高区域配电网供电可靠性。通过改造，无论主干线是几回，分支线 1 号杆始终是单回，若设备故障，只要在单回的分支 1 号杆上进行作业即可，避免了在双回或多回线路的分支杆上进行拆搭引线作业，大大简化作业场景，降低作业风险，减轻劳动强度。

另一种场景是在主干线进行改造、迁改等工作时，需要实施旁路作业，分支线优化后非常便于旁路回路的接入，仍能对支线进行持续供电，而且在分支线 1 号杆上能形成以电杆为中心左、右两个区域，干线延伸部分不带电区域和分支线大号侧带电区域，为旁路不停电作业在配电网架空线路上的应用很好地提供了应用场景，在一些大型施工项目中可以通过旁路进行转供，尽可能缩小停电范围，节约停电时户数，提高区域配电网供电可靠性。

第3章　配电网不停电作业架空配电线路常见设备安装

安装在架空配电线路上的电气设备众多，有变压器、断路器、隔离开关、跌落式熔断器、避雷器等，各种电气设备用途不同，安装位置和安装方式亦各不相同。传统的停电检修方式对架空配电线路的电气设备安装没有特殊要求，能够安装就能停电检修；配电网不停电作业是在架空配电线路带电运行的环境条件下开展检修作业，作业周围的带电体仍然带电，作业安全要求与停电检修作业安全要求完全不同，安装架空配电线路的电气设备会增加带电体数量，改变带电体与带电体以及带电体与地电位之间的空间大小，部分按照《配电网工程通用设计　线路部分》设计建设的配电线路，安装电气设备后满足架空配电线路不停电作业条件，但仍有部分架空配电线路安装电气设备后因作业空间狭小、各种安全距离不能满足配电网不停电作业的安全要求，不满足架空配电线路不停电作业条件。

建设配电网不停电作业友好型架空配电线路，需要在设计施工时优化架空配电线路的电气设备安装、兼顾配电网不停电作业检修施工作业对作业空间、各种安全距离的要求，特别是架空配电线路电气设备安装后各种安全距离需要满足配电网不停电作业的安全要求，这样既能满足停电检修作业，亦能适应配电网不停电作业。

本章介绍适应配电网不停电作业的常见架空配电线路电气设备如变压器、断路器、隔离开关、跌落式熔断器等安装典型设计，并详细介绍几种常见的优化方案。

3.1　杆上变压器

配电变压器是配电网最为常见的配电设备之一。变压器的安装方式主要有杆上变压器安装、落地式变压器安装、室内变压器安装和箱式变压器安装，其中杆上变压器安装在配电网中最为常见。杆塔上安装配电变压器是将变压器安装在由线路电杆组成的变压器台架上，可分为单杆式变压器台架和双杆式变压器台架。杆上变压器具有施工建设简单、运行维护简单方便的优点。

杆上变压器安装要求：

1. 配电变压器

（1）新装变压器应选用S11形及以上节能、环保型变压器。

（2）宜采用配电变压器U形抱箍与压板将配电变压器固定在台架铁横担上，并加装防盗螺帽。

（3）配电变压器高低压接线柱应安装绝缘罩，绝缘罩颜色应与线路相色相对应。

2. 配电变压器台架

（1）配电变压器台架宜采用15m杆架设。

（2）变压器台架应牢固可靠，台架距地面高度不小于2.5m，坡度不大于1%，变压器应固定于变压器台架上。

（3）综合配电箱下方引线电缆对地高度大于或等于1.8m。

3. 变压器保护装置

（1）变压器台架10kV进线端宜加装类似开关的变压器保护装置，如跌落式熔断器、隔离开关、断路器等。

（2）变压器保护装置安装在支架上应固定可靠，操作机构动作灵活，与引线的连接应紧密可靠。

（3）变压器保护装置引线水平相间距离应不小于600mm。

（4）高压引线应有一定弧度，并保证三相弧度一致，引线相间距离应不小于600mm，与水泥杆、拉线、横担的净空距离应不小于400mm。

（5）高压引下线、高压母线以及跌落式熔断器等之间的相间距离不得小于600mm，高、低压引下线间的距离不得小于1000mm。

（6）开关或隔离开关的静触头应安装在电源侧，动触头安装在负荷侧。

（7）变压器高低压侧应分别装设高压避雷器和低压避雷器，高压避雷器应尽量靠近变压器。避雷器应安装绝缘罩，绝缘罩颜色应与线路相色相对应，相间距离不小于600mm，避雷器上、下引线应不过紧或过松，与电气部分连接不应对避雷器产生外加应力。避雷器引流线短而直、连接紧密，高压引流线应采用不小于35mm^{2}绝缘铝导线，长度应不小于100mm；避雷器引下线应可靠接地，引下线应采用截面不小于25mm^{2}的铜线或不小于35mm^{2}的铝线；三相高压避雷器每相接地引下线应制作单独的接地线三相互连后再接到接地体上。连接线要顺直，无弓弯，在电杆适当位置用钢包带固定。

4. 其他

（1）变压器台架应尽量避开车辆、行人较多的场所，便于变压器的运行与检修，在下列电杆不宜装设变压器台架：转角、分支电杆，装有线路开关的电杆，装有高压进户线或高压电缆的电杆，交叉路口的电杆，低压接户线较多的电杆。

（2）友好型10kV架空线路配电变压器低压负荷侧加装负荷开关或隔离开关。

（3）友好型10kV架空线路采用不停电作业搭接引线时，避免带电压互感器、高压计量一起搭接，在搭接设备带电线路间加装隔离开关，将电压互感器、高压计量装设在开关的负荷侧。

除此以外，对现有杆上变压器的安装应用常见问题，按照利于检修作业的原则，提出有关优化改造建议，具体如下：

3.1.1 单杆安装

将变压器安装于由一根线路电杆组装成的变压器台架，通常在离地面2.5～3m的高度处，装设100mm×100mm双木横担或角铁横担作为变压器的台架，在距台架1.7～1.8m处装设横担，以便装设高压绝缘子、跌落式熔断器及避雷器。

优化方案：配电线路安装单杆变压器台架改造（优化）

1. 适用对象

一般适用于配电线路安装单杆变压器台架。

2. 优化前基本情况

目前安装单杆变压器台架上的跌落式熔断器安装位置过高，不方便对其进行拉合操作，在拉开跌落式熔断器后，跌落式熔断器的上端引线对变压器距离过近，施工人员无法上杆进行检修、更换变压器等停电作业。单杆变压器安装示意图（优化前）如图3-1所示。

3. 优化后情况

降低单相变压器和跌落式熔断器的安装高度，变压器支架对地高度约为4m，跌落式熔断器的横担距变压器横担2.5m，在拉开跌落式熔断器后，跌落式熔断器的上端引线与变压器距离远，施工人员可以上杆进行检修、更换变压器等停电作业。图3-2所示为单杆变压器安装示意图（优化后）。

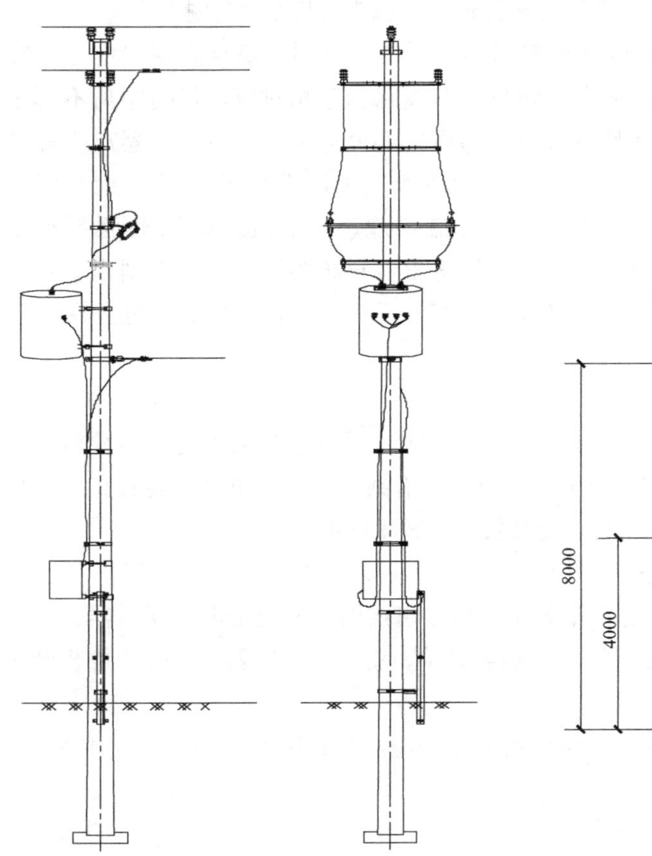

图3-1　单杆变压器安装示意图（优化前）

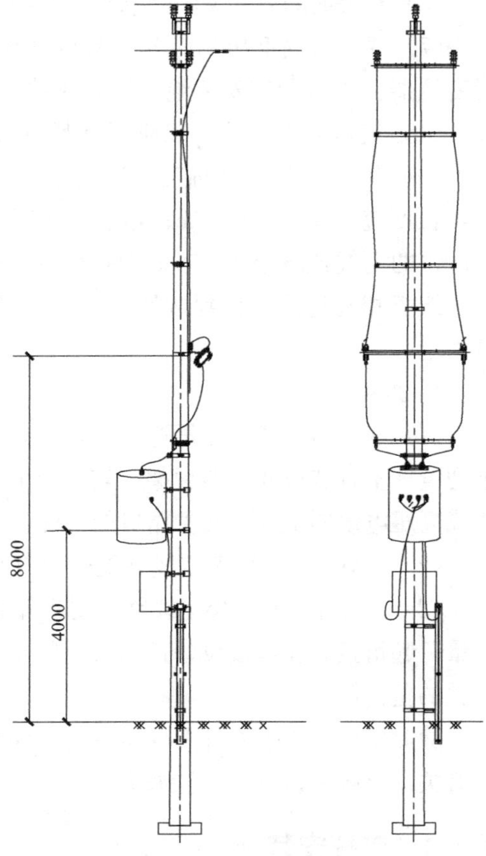

图3-2　单杆变压器安装示意图（优化后）

4. 改造原则

增加跌落式熔断器到变压器高压侧套管的距离，保证施工人员停电检修等作业时对带电体的安全距离，降低跌落式熔断器的安装高度，方便运维人员操作。

5. 该方案对不停电作业的提升成效

该方案是增加跌落式熔断器到变压器高压侧套管的距离，未增加投资成本，通过优化改造，能减轻不停电作业人员的工作任务，方便了施工人员对变压器进行停电检修、更换等作业，也使得改造中组织措施上单一，避免班组之间在同一工作任务中过多地交叉配合作业，管理流程更加清晰。

3.1.2 双杆安装

将变压器安装于由线路的两根电杆组装成的变压器台架，通常在距离高压杆 2～3m 远的地方再另立一根电杆，组成 H 形变压器台架，在离地 2.5～3m 高处用两根槽钢搭成安放变压器的架子，杆上还装有横担，以便安装户外高压跌落式熔断器，高压避雷器，高、低压引线和低压隔离开关。

优化方案一：配电线路双杆安装变压器台架改造（优化）

1. 适用对象

一般适用于配电线路双杆安装的变压器台架。

2. 优化前基本情况

目前有的变压器台架的高压侧跌落式熔断器下引线直连变压器，在拉开跌落式熔断器后，跌落式熔断器的上端引线与变压器距离过近，施工人员无法上杆进行检修、更换变压器等停电作业，需要不停电作业人员以临近带电的作业方式去完成，而且开的工作票是不停电作业工作票，那么作业人员个人防护用具一样都不能少，势必在作业中影响整个进度。图 3-3 所示为双杆变压器安装示意图（优化前）。

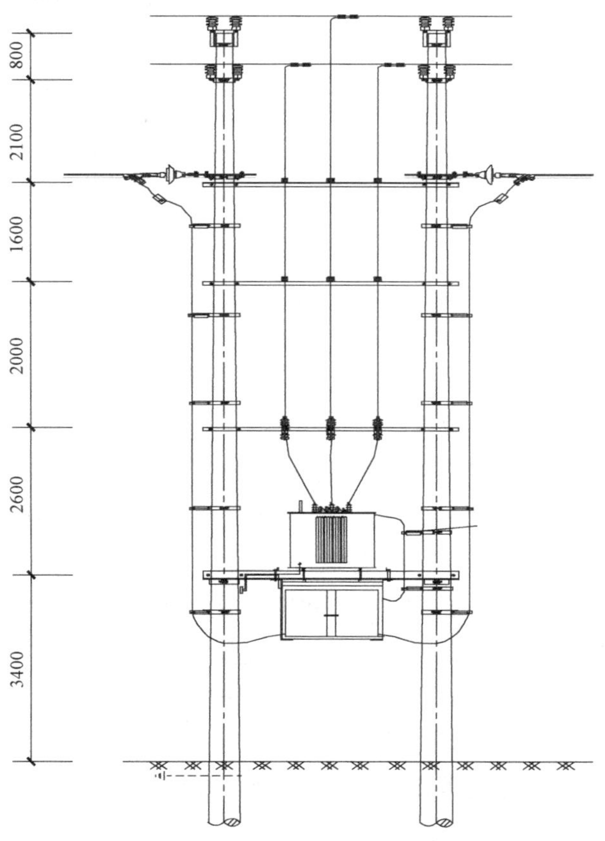

图 3-3 双杆变压器安装示意图（优化前）

3. 优化后情况

变压器与跌落式熔断器之间增加一根横担，抬高跌落式熔断器安装高度，增加跌落式熔断器下引线的长度，跌落式熔断器横担距离地面 6.4m，在拉开跌落式熔断器后，跌落式熔断器的上端引线与变压器有足够的安全距离，施工人员可以上杆进行停电检修、更换变压器等作业。图 3-4 所示为双杆变压器安装示意图（优化后）。

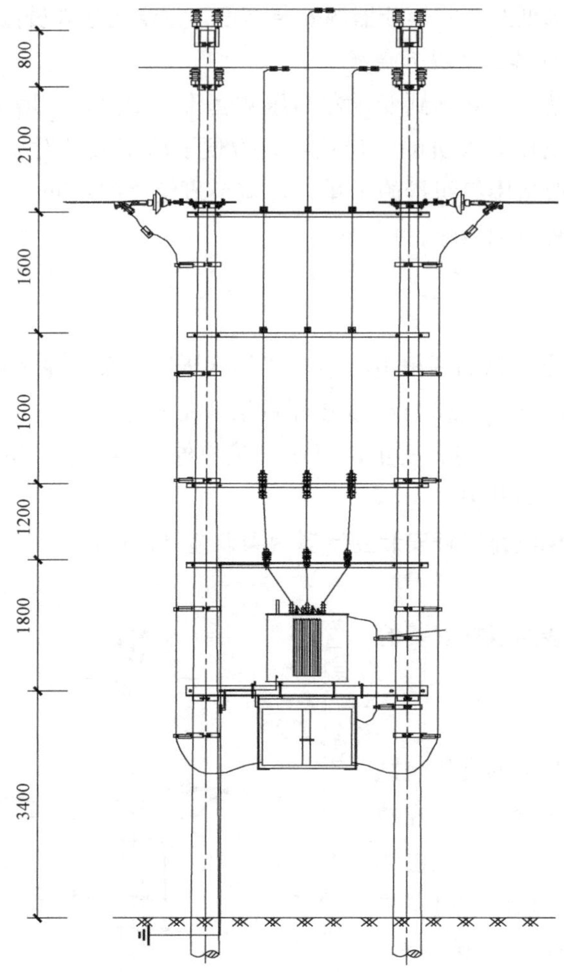

图 3-4　双杆变压器安装示意图（优化后）

4. 改造原则

增加跌落式熔断器到变压器高压侧套管的距离，提高跌落式熔断器的安装高度，保证施工人员检修、更换变压器等停电作业时对带电体的安全距离。

5. 该方案对不停电作业的提升成效

该方案是增加跌落式熔断器到变压器高压侧套管的距离，未增加投资成本，通过优化改造，能减轻不停电作业人员的工作任务，方便了施工人员对变压器进行停电检修、更换等作业，也使得改造中组织措施上单一，避免班组之间在同一工作任务中过多地交叉配合作业，管理的流程更加清晰。

优化方案二：配电线路单、双杆变压器一次侧（电源侧）引流线改造（优化）

1. 适用对象

一般适用于配电线路单、双杆安装变压器一次侧（电源侧）引流线。

2. 优化前基本情况

目前单、双杆变压器一次侧（电源侧）引流线大部分采用绝缘线或裸导线（图 3-5），且在运行过程中因环境、负荷、施工工艺等因素出现连接点发热、导线外绝缘层性能下降等问题。不但增加了运维成本，更存在设备安全隐患及社会人员触电风险。

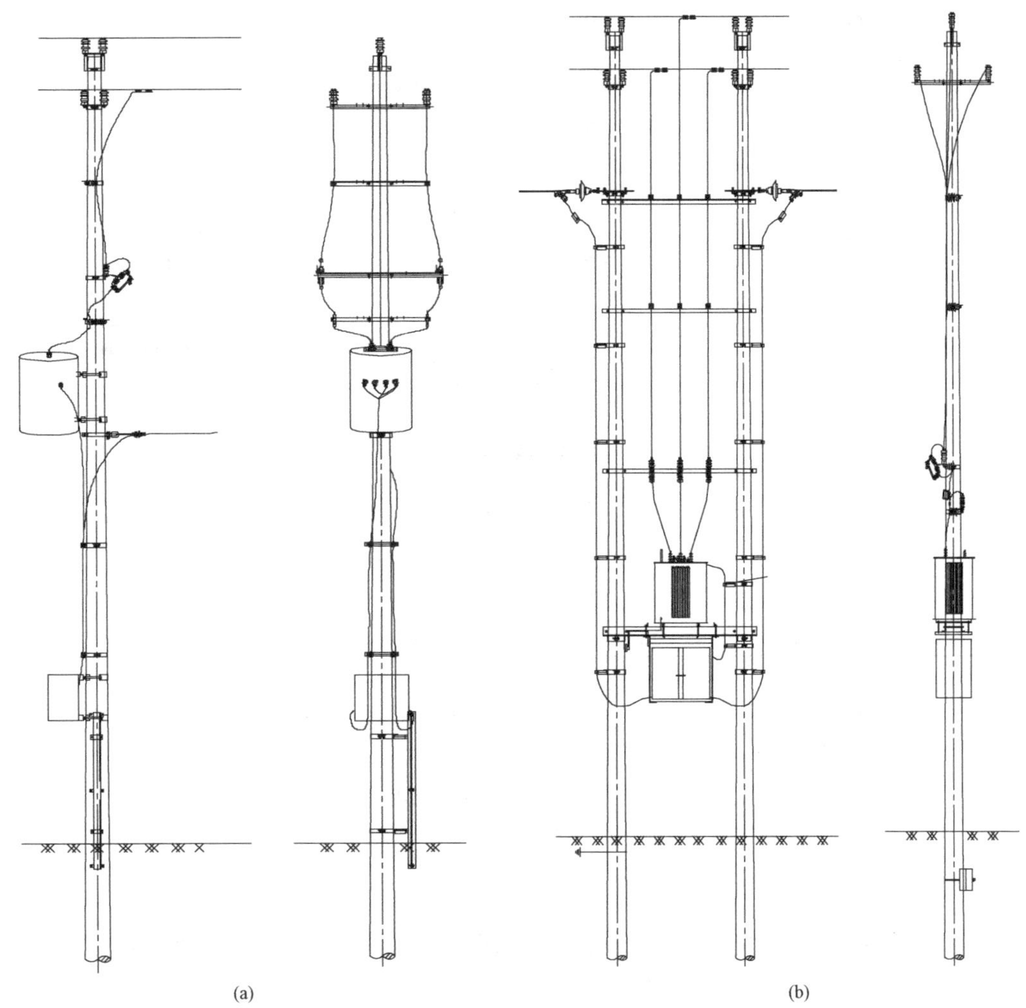

图 3-5　配电线路单、双杆安装变压器一次侧（电源侧）引流线（优化前）
(a) 单杆变压器；(b) 双杆变压器

3. 优化后情况

变压器一次侧（电源侧）引流线全部采用两芯或三芯绝缘电缆，如图 3-6 所示。电缆头与导线连接处采用满足不停电作业的线夹，适应绝缘手套作业法、绝缘杆作业法快速拆装的条件。电缆头另一端无论连接隔离开关、断路器或变压器高压接线柱时，均应具备至少 2 个连接点（即电缆头采用一分二的连接线鼻子或者设备上装设具有两个及以上的连接点)，其中1个作为备用连接点，同时用于不停电作业时旁路线的连接点。

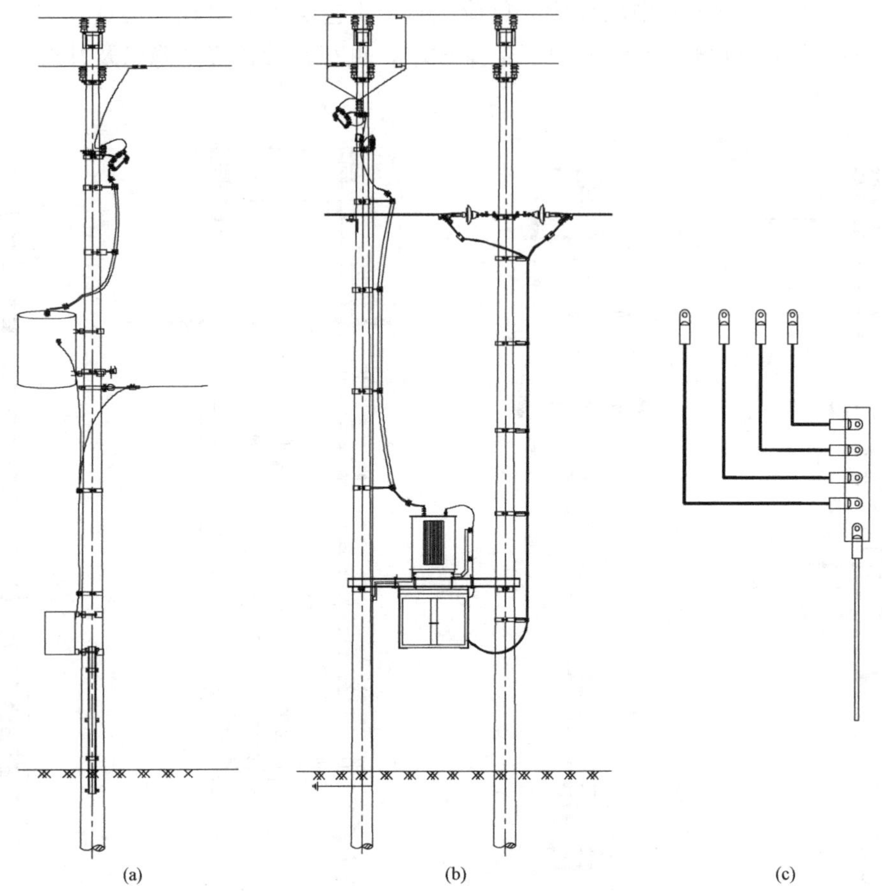

图3-6 配电线路单、双杆安装变压器一次侧（电源侧）引流线（优化后）
（a）单杆变压器；（b）双杆变压器；（c）一分多鼻子接线柱

4. 改造原则

裸线或绝缘线更换为电缆，使变压器引流线既美观又安全，同时更方便运维人员操作。

5. 该方案对不停电作业的提升成效

该方案是将裸线或绝缘线更换为电缆，增加少量投资成本，通过优化改造，能减轻不停电作业人员的工作任务，方便施工人员对变压器进行停电检修、更换等作业，提升工作效率，降低作业风险。

3.2 柱上开关

开关是指通过开启或关闭可使电路断开或接通，使电流中断或通过的电力设备的统称，也是架空配电线路最为常见的带有保护功能和频繁操作的设备。配电网常用开关设备种类很多，按分、合能力可分为断路器、负荷开关、隔离开关等；按灭弧介质可分为真空、SF_6、油、自产气、空气等；按是否有自动功能可分为重合器、分段器、自动负荷开关等。

由于开关设备种类多，数量大，分布广泛，维护操作工作量大，对供电可靠性影响很大，自动化和免维护是开关设备的发展趋势。

10kV 柱上开关安装要求如下：

(1) 柱上开关支架安装牢固，水平倾斜不大于支架长度的1%，分合指示器应面向公路等便于巡视位置安装。

(2) 柱上开关对地距离不少于4.5m，各引线相间距离不少于600mm。

(3) 柱上开关与线路之间连接宜采用绝缘线，连接点用专用线夹或连接头，连接可靠。友好型10kV架空线路柱上开关安装位置应与10kV架空导线净空距离大于1m高度，柱上开关接入设备的接引线与相线距离应大于0.6m，与地电位的横担、拉线、铁附件金具距离应大于0.4m。

(4) 应装设避雷器以防止过电压损坏设备，常开的联络开关两侧都应装设，避雷器及开关本体应可靠接地，接地电阻不超过10Ω。

(5) 为了保证开关断开时线路有可靠明显断口，通常在来电侧加装隔离开关。

除此以外，对现有柱上开关的安装应用常见问题，按照利于检修作业的原则，提出有关优化改造建议，具体如下：

3.2.1 分段（联络）开关

分段开关指的是一条配电线路主通道上的开关，通过它可以将线路分成若干段，可以减少故障停电范围。联络开关指的是通过开关将两条配电线路连接起来，以便能实现负荷之间的转供。当两条配电线路形成联络后，通道内的所有开关随着运行方式的变化，都有可能成为“联络开关”，因此分段与联络是相对的，可以互相转换。

优化方案一：单回路配电线路分段（联络）开关改造（优化）

1. 适用对象

一般适用于单回路三角形排列或是水平排列方式的架空配电线路分段或是两条架空配电线路联络的杆型。

2. 优化前基本情况

单回路配电线路分段（联络）开关示意图（优化前）如图3-7所示。

目前单回路架空配电线路无论是三角形排列还是水平排列方式，分段（联络）开关一般都安装在同一基电杆上。电杆的任何一侧在线路改造过程中，采用环供或者是耐张段旁路作业，这一基耐张杆施工单位人员无法上杆作业，都是需要不停电作业人员以临近带电的作业方式去完成，而且开的工作票是带电作业工作票，那么作业人员个人防护用具一样都不能少，势必在作业中影响整个改造进度。

3. 优化后情况

单回路配电线路分段（联络）开关示意图（优化后）如图3-8所示。

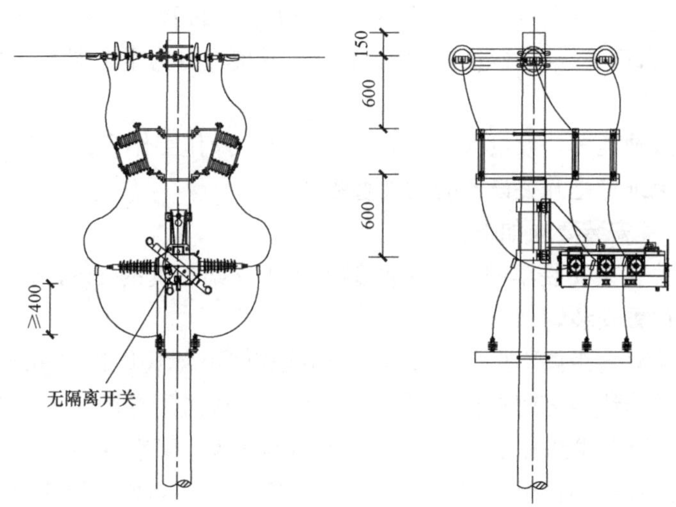

图 3-7　单回路配电线路分段（联络）开关示意图（优化前）

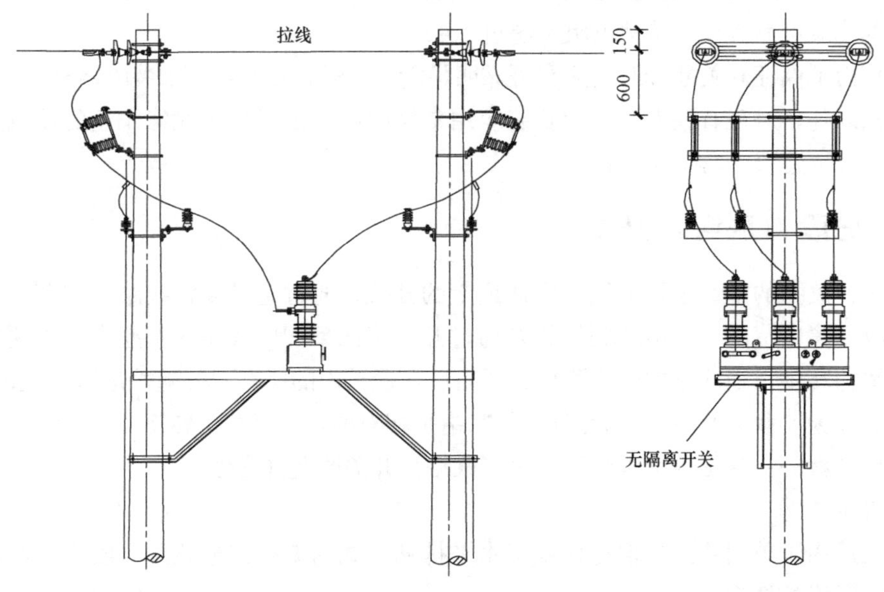

图 3-8　单回路配电线路分段（联络）开关示意图（优化后）

以两基终端杆加开关平台来代替原来的直线耐张单杆，两基电杆都装有隔离开关，能使带电部位控制在一个很小的范围内，使得该类装置在线路改造过程中非常适应不停电作业。该装置的任何一侧线路如需改造，不停电作业人员可以通过耐张段旁路或者环供倒送保住后段客户的正常用电的情况下，都不影响作业段这一侧施工单位人员上杆作业，使改造施工更加顺畅高效。

4. 改造原则

考虑避免在同一基电杆上出现左右带电不一致的情况发生，为避免这一情况，需要将其设计为两基终端杆进行优化，还需要将分段（联络）开关的安装点选择在直线耐张杆上，以避免拉线对装置的影响，这样无论施工人员上任何一基电杆进行作业都能有效地保持停电作业的安全距离。

5. 该方案对不停电作业的提升成效

该方案的主要成本在于增加了一根电杆、绝缘子和铁横担金具，增加少量投资成本，缩短停电施工人员和不停电作业人员的作业时间，提升作业人员的作业效率，节省人力成本。

通过优化改造，能减轻不停电作业人员的工作任务，使得不停电作业人员能专注于旁路切割、负荷转供、改造端客户的保供电等工作，也使得改造中组织措施上单一，避免班组之间在同一工作任务中过多地交叉配合作业，管理的流程更加清晰。

优化方案二：配电线路分段（联络）开关结构改造（优化）

1. 适用对象

一般适用于单回路三角形排列或是水平排列方式的架空配电线路分段或是两条架空配电线路联络的杆型。

2. 优化前基本情况

配电线路分段（联络）开关结构示意图（优化前）如图 3-9 所示。

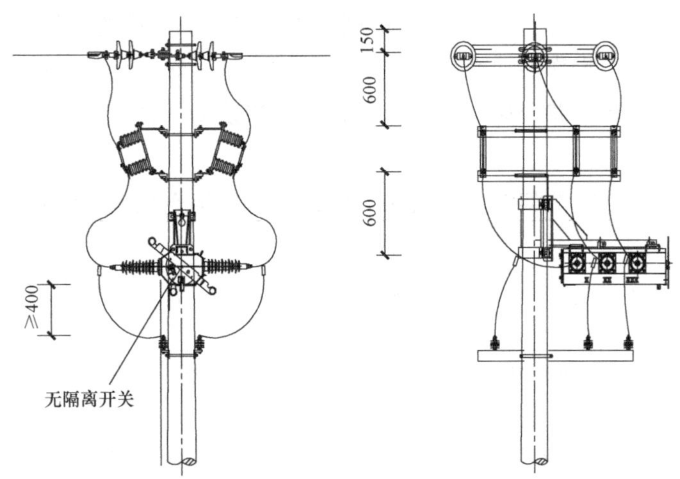

图 3-9　配电线路分段（联络）开关结构示意图（优化前）

如图 3-9 所示分段（联络）开关由于设备较多，带电设备对地距离也受影响，隔离开关和开关装置也比较复杂，操作隔离开关时由于下部开关的存在也影响作业人员操作。而且设备多隔离开关连接较多，故障发生的可能性也较多。比如隔离开关至断路器的引线需要更换，如果不能环通需要带负荷进行更换，那么绝缘遮蔽的任务相当大，而且装置引线比较密集，安全距离也难以控制，因此这类装置也有其缺点。

3. 优化后情况

配电线路分段（联络）开关结构示意图（优化后）如图 3-10 所示。这类开关设备，带隔离开关的真空断路器，结构简单，大幅度提高了带电体对地的安全距离。在集成隔离开关与断路器功能的同时，还可以实现自动隔离相间短路故障及单相接地故障，大幅

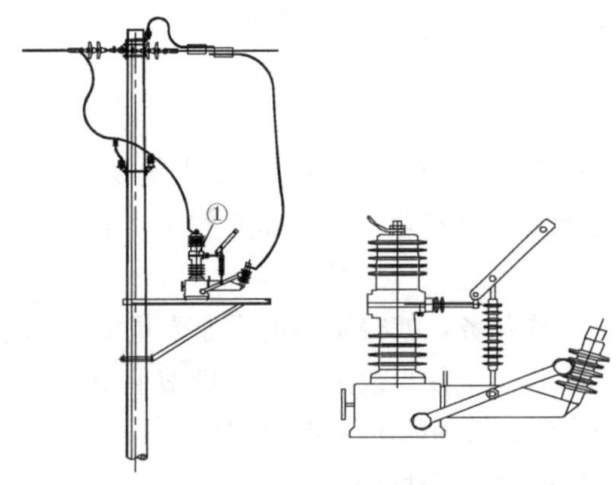

图 3-10 配电线路分段（联络）开关结构示意图（优化后）

减少线路连接点，避免了一些故障的发生。

4. 改造原则

带隔离开关一体式的真空断路器本体主要由固封极柱、隔离开关、电压互感器、电流互感器、弹簧操动机构、绝缘拉杆和底座组成，能够关合、承载和开断正常条件下的电流，在规定的时间内承载和开断异常条件下的电流。

5. 该方案对不停电作业的提升成效

该方案是用带隔离开关一体式的真空断路器代替由分体的隔离开关和断路器组合而成的开关设备，减少了投资成本，结构简单，大幅度提高了带电体对地的安全距离，减少不停电作业人员的遮蔽工作，缩短不停电作业人员的作业时间，提升作业人员的作业效率，节省人力成本。

设备集成后，缩小整个杆上装置带电体的空间范围。通过优化改造，在开展分段（联络）开关带电作业安装更换工作时，能减轻不停电作业人员的工作任务，减少不停电作业人员的遮蔽时间，操作便捷性大大提高，同时提升了作业项目的作业效率及安全性。

优化方案三：配电线路分段（联络）断路器结构改造（优化）

1. 适用对象

一般适用于多种形式的架空配电线路分段或是两条架空配电线路联络的杆型。

2. 优化前基本情况

配电线路分段（联络）断路器示意图（优化前）如图 3-11 所示。

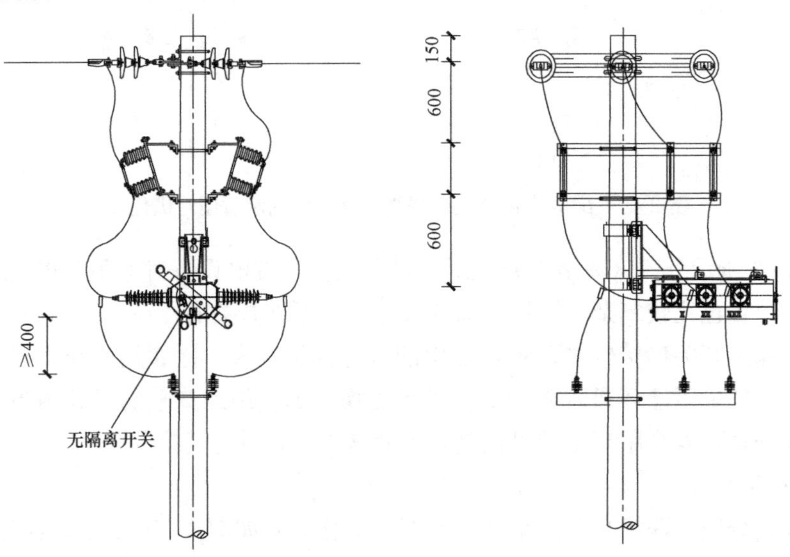

图 3-11 配电线路分段（联络）断路器示意图（优化前）

原有柱上开关类型较多，断路器、负荷开关、隔离开关等，在分段断路器带电作业安装时，为保证线路不停电作业，需要先做好旁路随后对断路器两侧搭火，在搭火过程中需要确保断路器处于冷备用状态，待搭火完成后合上断路器拆除旁路。常见断路器中无明显断开点，尽管开关设备上存在分合闸机械指示，但依旧存在机械指示失灵造成人身伤亡的可能性；隔离开关有明显断开点，但其无灭弧装置，一般不能也不允许切断负荷电流和短路电流，无法满足线路分段（联络）的正常使用要求。

3. 优化后情况

配电线路分段（联络）断路器示意图（优化后）如图 3 - 12 所示。

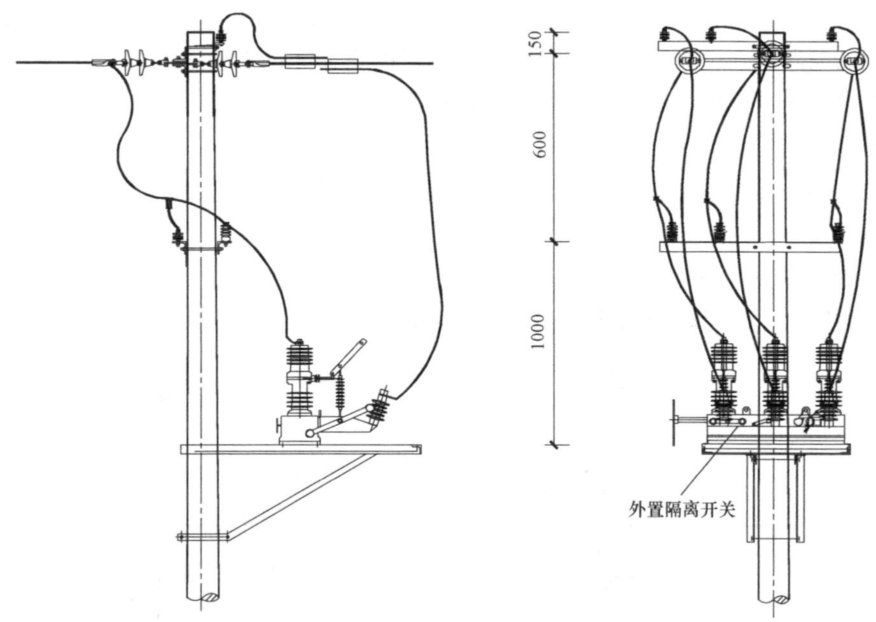

图 3 - 12　配电线路分段（联络）断路器示意图（优化后）

柱上开关适合选用断路器与隔离开关一体的真空断路器（如 ZW32 系列断路器），在不停电作业时，带隔离开关一体式的真空断路器有明显断开点可以确保不停电作业人员在断路器断开的状态下进行两侧搭火，同时日常使用中通过断路器的灭弧作用可以灵活变更断路器的分段及联络属性，此类断路器安装在同杆双回线路时建议线路选择垂直排列。

4. 改造原则

考虑到配电网不停电作业的危险性较大，在断路器搭火时如果由于设备原因导致断路器分合指示异常，不停电作业人员很难直接发现设备问题，从而在搭火瞬间断路器中运行电流通过造成人身伤亡。带隔离开关一体式的真空断路器存在明显断开点，一方面不停电作业人员可以直观发现断路器分合状态，增强作业人员心里安全感，另一方面同样是开关设备出现异常状况的双保险，这样每个现场人员都可以对不停电作业人员的安全起到监护作用。

5. 该方案对不停电作业的提升成效

该方案是用带隔离开关一体式的真空断路器代替断路器，增加少量投资成本，结构简单，增加明显的断开点，提高不停电作业人员的安全性。

通过选用带隔离开关一体式的真空断路器，能提高不停电作业人员的安全性，使得不停电作业人员可以随时确认开关所在分合位，同样在现场监护过程中可以更为直观监护到作业人员及设备状态。

3.2.2 分支断路器

分段断路器与分支断路器有所区别，一个指的是主线路上的断路器，一个指的是分支线路上的断路器，下面主要针对分支断路器提出相关优化改造建议。

优化方案一：配电线路分支 0 号杆断路器改造（优化）

1. 适用对象

一般适用于需要地电位作业的架空配电线路分支或客户产权分支 0 号杆安装断路器的杆型。

2. 优化前基本情况

配电线路分支 0 号杆断路器示意图（优化前）如图 3-13 所示。

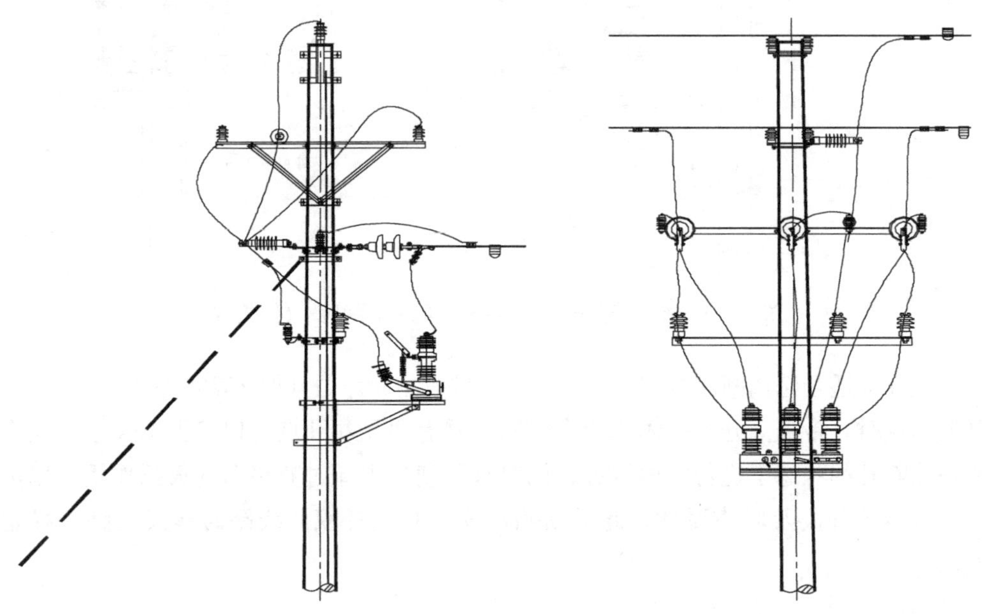

图 3-13 配电线路分支 0 号杆断路器示意图（优化前）

新分支或新客户设备架设时，为减少不停电作业工作量，通常会先和上级分支（主干线）保持安全距离的情况下，由施工班组人员先安装好分支横担、瓷瓶、导线及分支断路器。在很多情况下，分支断路器与上级分支（主干线）同杆的 0 号杆处同杆安装，并事先将断路器出线侧引线与新架分支搭接，由不停电作业人员完成断路器进线侧引线搭火工作。这样的工作安排会减少带电班工作量，但由于施工班组安装分支及断路器需要与带电部位保持安全距离，在确保自身安全的情况下，分支断路器和上级分支（主干线）距离较远。当不停电作业人员地电位对断路器进行搭火时，由于作业人员与上级分支（主干线）距离过远，其搭火难度更高、搭火时间更长。

3. 优化后情况

配电线路分支0号杆断路器示意图（优化后）如图3-14所示。

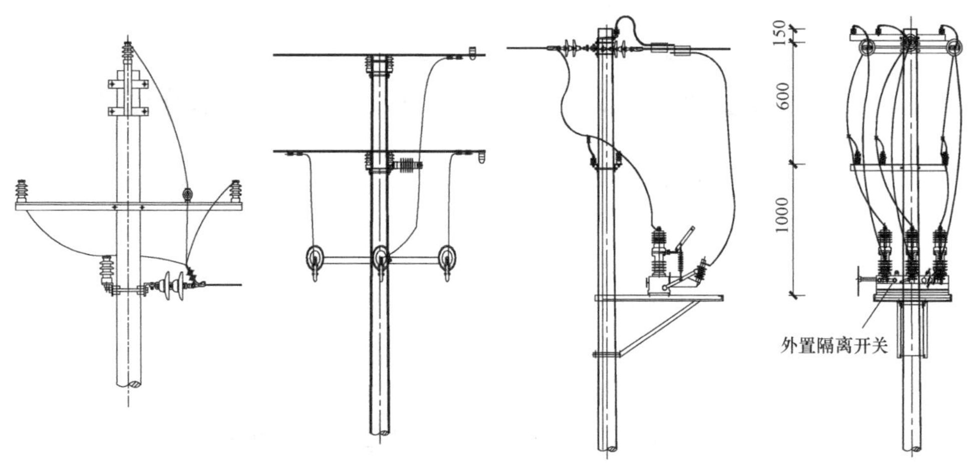

图3-14　配电线路分支0号杆断路器示意图（优化后）

将原分支断路器位置从0号杆安装至1号杆，并在分支1号杆处两侧提前由施工班组搭接完毕，在保持1号杆断路器在冷备用状态下，由不停电作业人员在分支0号杆处将分支引线与上级分支（主干线）进行搭火。

4. 改造原则

与优化前基本情况相比，优化后分支0号杆在不停电作业人员搭火时由于杆上减少一台开关设备，其作业环境得到明显改善，且其搭火时与作业点更近，降低搭火难度，提高搭火效率。同时，分支断路器安装在1号杆并保持冷备用状态，与作业点依旧在视线范围内，可被现场作业人员同时监护，满足安全性要求。

5. 该方案对不停电作业的提升成效

该方案是调整0号杆安装至1号杆设备的安装位置，未增加投资成本，使0号杆塔结构简单，方便不停电作业人员断、接0号杆引线，提高不停电作业人员的安全性。

通过优化改造，可以在新分支或客户接入时减少不停电作业人员地电位作业体力消耗，提升不停电作业效率。作业环境复杂程度降低可以进一步保障不停电作业人员安全，并为以后带电更换老旧开关设备创造良好条件，提高了分支线路保供电的灵活性，有利于停电施工区域与保供电区域的清晰分割，使得停电施工区域安全措施简单明确。

优化方案二：配电线路分支开关结构改造（优化）

1. 适用对象

一般适用于多种形式的架空配电线路分段或是两条架空配电线路联络的杆型。

2. 优化前基本情况

配电线路分断路器关结构改造示意图（优化前）如图 3 - 15 所示。

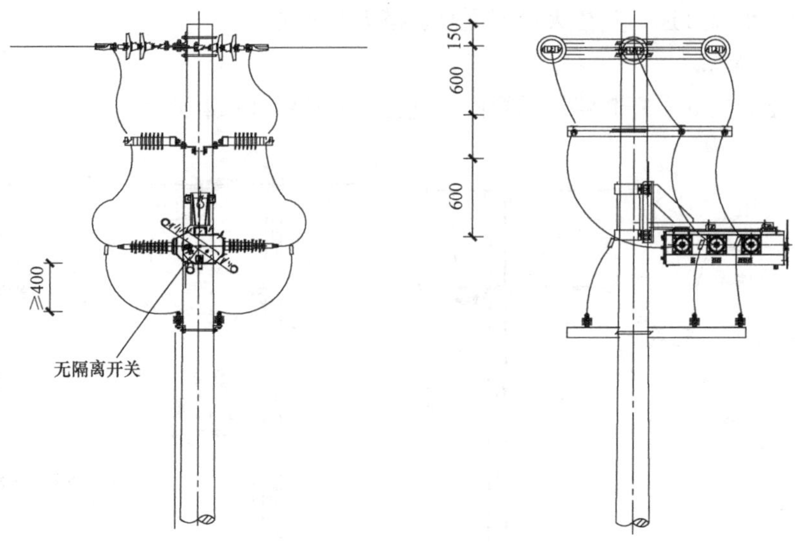

图 3 - 15　配电线路分支断路器结构改造示意图（优化前）

原有柱上开关类型较多，断路器、负荷开关、隔离开关等，在分段断路器带电作业安装时，为保证线路不停电作业，需要先做好旁路随后对断路器两侧搭火，在搭火过程中需要确保断路器处于冷备用状态，待搭火完成后合上断路器拆除旁路。常见断路器中无明显断开点，尽管开关设备上存在分合闸机械指示，但依旧存在机械指示失灵造成人身伤亡的可能性；隔离开关有明显断开点，但其无灭弧装置，一般不能也不允许切断负荷电流和短路电流，无法满足线路分段（联络）的正常使用要求。

3. 优化后情况

配电线路分支断路器结构改造示意图（优化后）如图 3 - 16 所示。

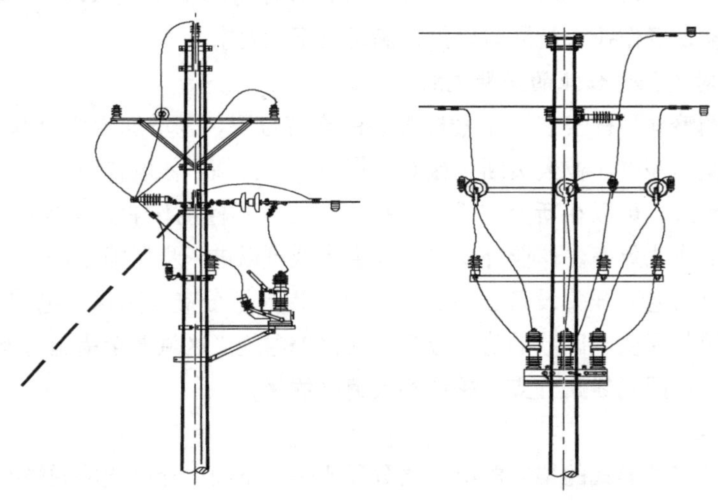

图 3 - 16　配电线路分支断路器结构改造示意图（优化后）

柱上开关适合选用断路器与隔离开关一体的真空断路器（如ZW32系列断路器），在不停电作业时，带隔离开关一体式的真空断路器有明显断开点可以确保不停电作业人员在断路器断开的状态下进行两侧搭火，同时日常使用中通过断路器的灭弧作用可以灵活变更断路器的分段及联络属性，此类开关安装在同杆双回线路时建议线路选择垂直排列。

4. 改造原则

考虑到带电作业是危险性较大的作业方式，在断路器搭火时如果由于设备原因导致断路器分合指示异常，不停电作业人员很难直接发现设备问题，从而在有可能造成带负荷搭接引线，瞬间拉弧导致人身伤亡的发生。带隔离开关一体式的真空断路器存在明显断开点，一方面不停电作业人员可以直观发现断路器分合状态，增强作业人员心理安全感，另一方面同样是开关设备出现异常状况的双保险，这样每个现场人员都可以对不停电作业人员的安全起到监护作用。

5. 该方案对不停电作业的提升成效

该方案是用带隔离开关的一体式真空断路器代替断路器，增加少量投资成本，结构简单，增加明显的断开点，提高不停电作业人员的安全性。

通过选用带隔离开关一体式的真空断路器，能提高不停电作业人员的安全性，使得不停电作业人员可以随时确认开关所在分合位，同样在现场监护过程中可以更为直观监护到作业人员及设备状态。

3.3 隔离开关

隔离开关是一种主要用于隔离电源、倒闸操作，用于连通和切断小电流电路，无灭弧功能的开关器件。隔离开关在分位置时，触头间有符合规定要求的绝缘距离和明显的断开标志；在合位置时，能承载正常回路条件下的电流及在规定时间内异常条件（例如短路）下的电流开关设备。

隔离开关安装要求：

（1）隔离开关应安装在操作方便的位置，并保证断开时刀片不带电、刀口带电，因此静触头安装在电源侧，动触头安装在负荷侧。引线端子应采用设备线夹，相间距离不小于600mm。

（2）隔离开关安装时一般固定在横担上，操作动触头水平向下或垂直方向成30°～45°角度。

（3）操作机构 、转动部分应调整好，使分合闸操作能正常进行，无卡死现象。

（4）处于合闸位置时，动触头要有足够深度，以保证接触面符合要求，但又不能合过头，要求动触头距静触头底部有3～5mm空隙。

（5）处于拉开位置时，动静触头间要有足够拉开距离，以便有效隔离带电部分，开关断开后刀片应保证对其他相和接地部分至少保持200mm的距离。

除此以外，对现有隔离开关的安装应用常见问题，按照利于检修作业的原则，提出有关优化改造建议。

优化方案一：配电线路支线改造（优化）

1. 适用对象

一般适用于架空配电线路分支线未经隔离开关直接搭接在主线路的杆型。

2. 优化前基本情况

配电线路支线改造示意图（优化前）如图 3 - 17 所示。

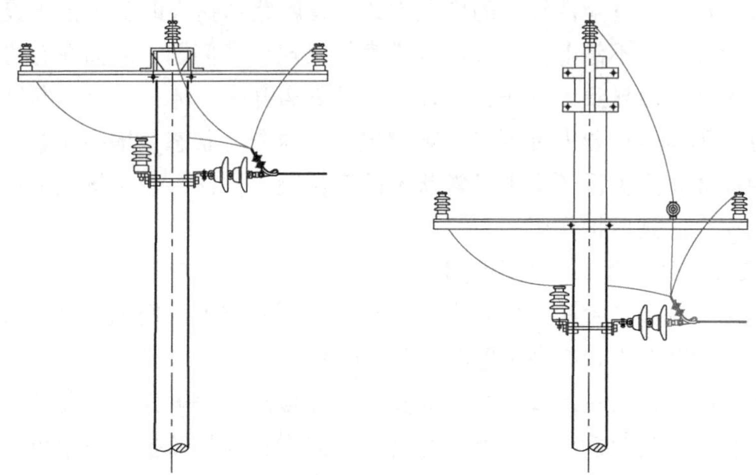

图 3 - 17　配电线路支线改造示意图（优化前）

目前存在架空配电线路分支线 0 号杆未经隔离开关直接搭接在主线路上，支线每次停电施工作业前都需要不停电作业人员先带电断开分支引流线，在施工人员完成检修后，不停电作业人员再进行带电搭接分支引流线，增加了不停电作业人员的工作任务，影响了整个施工进度。

3. 优化后情况

配电线路支线改造示意图（优化后）如图 3 - 18 所示。

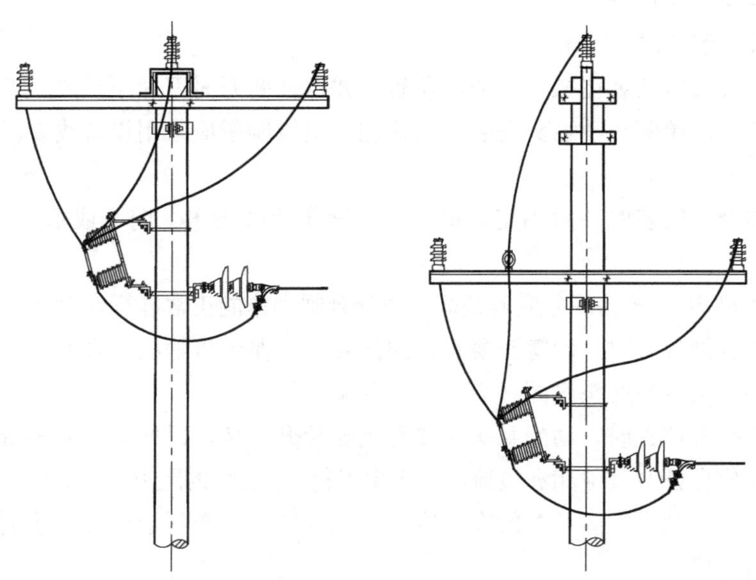

图 3 - 18　配电线路支线改造示意图（优化后）

分支线引流线必须经隔离开关后再搭接在主线路上，并让支线与主线保持停电施工的安全距离，作业前不需要带电作业配合。

4. 改造原则

通过隔离开关形成明显的断开点，运维人员在拉开隔离开关后，方便对分支线路布置安全措施，施工人员可以对支线进行检修作业。

5. 该方案对不停电作业的提升成效

该方案是在分支线引流线与主线路之间增加了隔离开关，增加了隔离开关的投资成本，快速切除隔离支线故障，支线与主线保持停电施工的安全距离，作业前不需要带电作业配合，保证停电施工人员的安全距离，加快了停电施工的进度，节省了没有必要的带电作业费用，提高了分支线路保供电的灵活性，有利于停电施工区域与保供电区域的清晰分割，使得停电施工区域安全措施简单明确。

优化方案二：配电线路引下电缆改造（优化）

1. 适用对象

一般适用于架空配电线路电缆引下杆。

2. 优化前基本情况

目前存在引下电缆的连接引线未经隔离开关直接搭接在主线架空线路上（图 3-19），每次涉及引下电缆或电缆后段施工作业，都需要带电作业人员先带电断开空载电缆线路的连接引线（带电断、接空载电缆线路的连接引线应采取消弧措施，不应直接带电断、接。10kV 空载电缆长度不宜大于 3km。当空载电缆电容电流大于 0.1A 时，应使用消弧

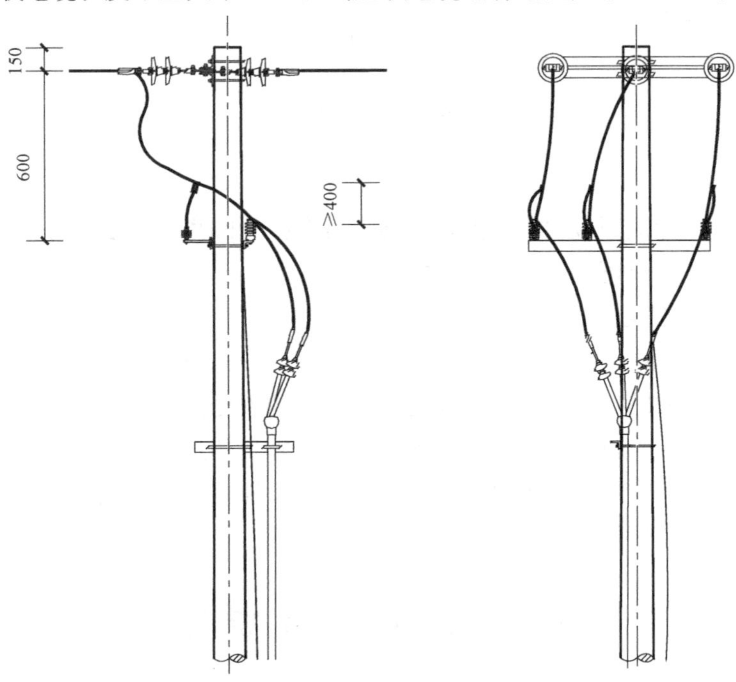

图 3-19　配电线路引下电缆示意图（优化前）

开关进行操作），在施工人员完成检修后，不停电作业人员再进行带电搭接空载引下电缆的连接引线，增加了不停电作业人员的工作任务，影响了整个施工进度。

3. 优化后情况

引下电缆连接引线必须经隔离开关后再搭接在主线架空线路上（图 3 - 20），并与主线保持停电施工的安全距离，加长隔离开关与电缆端子之间的引线并在下端安装接地环，方便运维人员进行停电后挂接地线，作业前不需要带电作业配合。

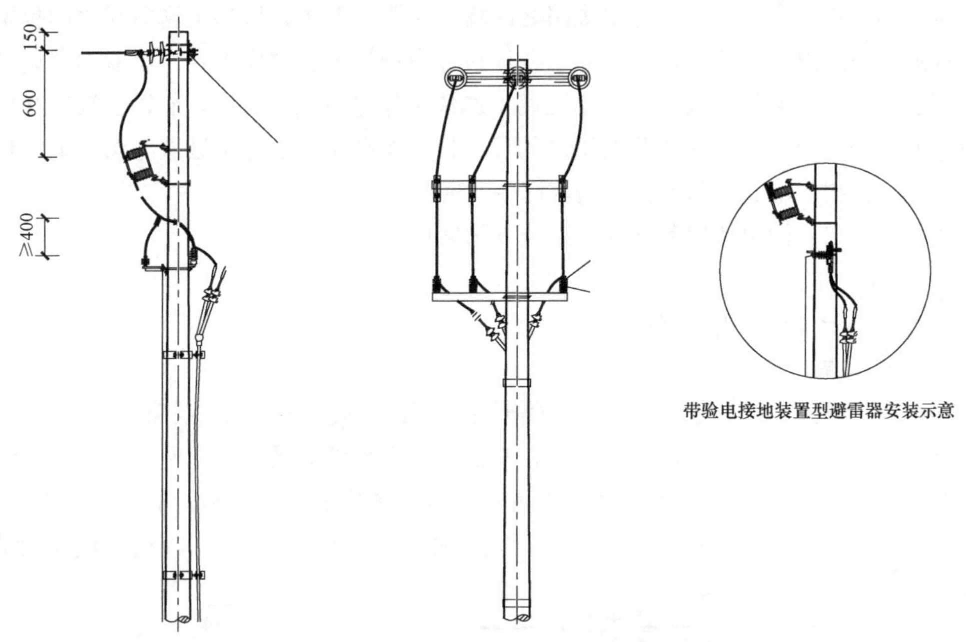

图 3 - 20　配电线路引下电缆示意图（优化后）

4. 改造原则

通过隔离开关形成明显的断开点，运维人员在拉开隔离开关后，方便对分支线路布置安全措施，施工人员可以对支线进行检修作业。

5. 该方案对不停电作业的提升成效

该方案是在引下电缆与主线路之间增加了隔离开关，增加了隔离开关的投资成本，快速切除隔离支线故障，支线与主线保持停电施工的安全距离，作业前不需要带电作业配合，保证停电施工人员的安全距离，加快了停电施工的进度，节省了没有必要的带电作业费用，提高了分支线路保供电的灵活性，有利于停电施工区域与保供电区域的清晰分割，使得停电施工区域安全措施简单明确。

3.4　跌落式熔断器

跌落式熔断器是 10kV 配电线路分支线和配电变压器最常用的一种短路保护开关，其作用是当下一级线路设备短路故障或过负荷时，熔丝熔断、跌落式熔断器自动跌落断开电路，确保上一级线路仍能正常供电。跌落式熔断器自动跌落后有一个明显的断开点，以便查找故障和检修设备，通常安装于10kV配电线路和配电变压器一次侧，在设备投、切操作时提供保护。

跌落式熔断器在运行过程中故障相对较多，检修或更换频繁。跌落式熔断器常见故障有：

（1）跌落式熔断器的熔体熔断后，熔体管不能迅速跌落，主要是安装不良所引起的。

1）转动轴粗糙而转动不灵活或熔体管被其他杂物堵塞，使熔体管转动卡住，可用粗砂纸将转动轴打光或将熔体管的杂物清除干净。

2）上、下转动轴安装不正，俯角不合适，仅靠熔体管自重的作用是不能迅速跌落，应按要求正确安装，调整俯角为15°～30°。

3）熔体管的附件太粗，熔体管太细，出现卡阻现象，即使熔体管熔断，熔体元件也不易从管中脱出，使熔管不能迅速脱落，应安装相应规格的熔体配套附件。

（2）跌落式熔断器的熔体管烧坏，熔体管烧坏一般是安装不良和熔断器规格选择不当所造成的。

1）在中小电网中，熔体管烧坏多数是熔体熔断后不能迅速脱落所造成。

2）在较大电网中，若熔断器规格选择不当，短路电流超过了熔断器的断流容量，使熔体管烧坏，可按短路电流的大小合理选择熔断器规格。

（3）跌落式熔断器熔体管误跌落及熔体误熔断，一般是装配不良、操作粗心大意及熔体选择不当所引起的。

1）熔体管的长度与熔断器固定接触部分的尺寸配合不合适，在遇到大风时熔体管容易被吹落，应重新装配，适当调整熔体管两端铜套的距离。

2）操作者疏忽大意，使熔体管未合紧，引起动、静触点配合不良，稍受振动而自行脱落，操作时应试合几次并观察配合情况，可用绝缘棒端触及操作环轻微晃动几下，确认合紧即可。

3）熔断器上部静触点的弹簧压力过小，鸭帽（熔断器上盖）内舐舌烧毁或磨损，挡不住熔体管而跌落，应更换熔断器。

4）熔体管本身质量不好，焊接处受温度和机械力作用而脱开，应更换合格的熔体。

5）如果熔体多次更换，反复熔断，则熔体容量选择过小，或下一级配合不当而发生越级熔断，应重新选择合适的熔体。

由于跌落式熔断器在运行过程中容易受过电压、过电流等影响而发生故障，为降低架空配电线路故障率、方便配电网不停电作业开展检修消缺，建议安装跌落式熔断器的横担采用绝缘材料横担。绝缘材料横担尺寸参照角钢材料横担长度。

3.4.1 普通型

普通型跌落式熔断器由上、下导电部分，熔丝管，绝缘部分和固定部分组成。熔丝管包括熔管，熔丝，管帽，操作环，上、下动出头，短轴。熔丝材料一般为铜银合金，熔点高，并具有一定的机械强度。图 3-21 所示为 10kV 跌落式熔断器。

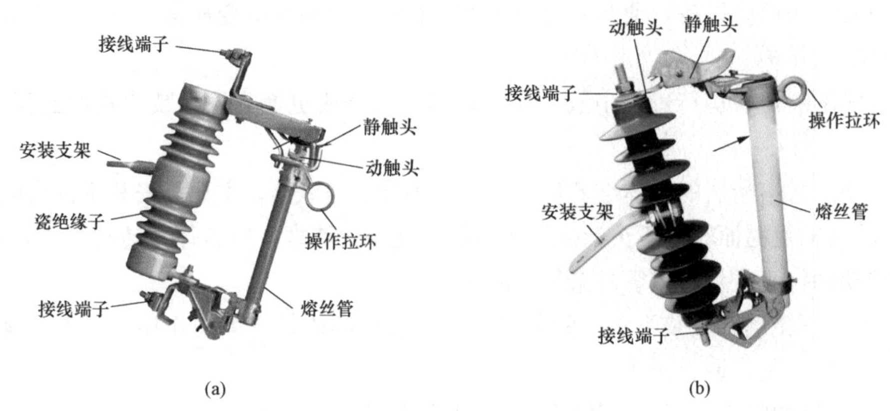

图 3-21　10kV 跌落式熔断器

(a) 瓷外套跌落式熔断器；(b) 复合外套跌落式熔断器

熔丝管两端的动触头依靠熔丝系紧，将上动触头推入“鸭嘴”凸出部分后，上静触头顶着上动触头，因此熔丝管牢固地卡在“鸭嘴”里。当短路电流通过熔丝熔断时，产生电弧。熔丝管内衬的钢纸管在电弧作用下产生大量的气体，吹灭电弧。当开断大电流时，上端帽的薄熔片融化形成双端排气；当开断小电流时，上端帽的薄熔片不动作，形成单端排气。由于熔丝熔断，熔丝管的上、下动触头失去熔丝的系紧力，在熔丝管自身重力和上、下静触头弹簧片的作用下，熔丝管迅速跌落，切断电路，并形成明显的断开距离。

普通型跌落式熔断器适用于四周空气无导电粉尘、无腐蚀性气体及不易烧、不易爆等环境，年度温差变化在 40℃以内的户外场所。

跌落式熔断器的安装建议：横担应有足够的强度，还要保证三相相间距离及对地距离要求。跌落式熔断器进出线应用绝缘子固定并保持相间及对地距离，连接应用专用设备线夹等，接触牢固。友好型 10kV 架空线路跌落式熔断器相间距离应大于 0.6m，其安装在配电变压器的跌落式熔断器安装位置与配电变压器距离大于 2.5m 高度。

除此以外，对现有跌落式熔断器在线路上的安装应用等相关问题，提出有关优化改造建议。

优化方案一：跌落式熔断器在分支线路上的应用改造（优化）

1. 适用对象

一般适用于架空配电线路主线分出的分支线路首端。

2. 优化前基本情况

为打造智能配电网，提升配电网供电可靠性，供电公司花费大量人力、物力将分支线路首端开关设备由传统跌落式熔断器更换为有故障跳闸、自动重合闸功能的智能开关。因此，跌落式熔断器的应用场景越来越局限于小分支线路首端、单台配电变压器等。

目前，小分支线路基本是单回路架空线路，无论是三角形排列还是水平排列方式，其分路跌落式熔断器一般安装在主线电杆上，通过单回路耐张分出的方式，如图3-22所示。因此，当主线需要停电检修、改造的过程中，尽管可以通过发电车、旁路作业倒供等方式对小分支线路进行保供电。但是，对于主线上分出的这一基电杆，因分支线路带电，将增加主线检修的安全措施。须考虑将分支线路与主线间进行开断，并增加一处接地保护主线停电施工区域。

3. 优化后情况

在不改变其他的情况下，将分支线路的1号杆改成直线耐张杆，拉线根据现场实际地形，可装设在主线分出电杆或分支线路1号杆上，如图3-23所示。

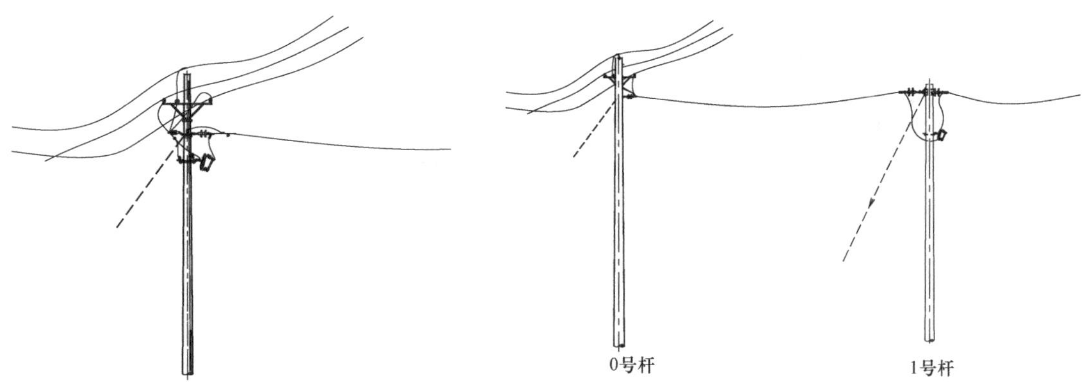

图3-22 跌落式熔断器在分支线路上的应用改造示意图（优化前）

图3-23 跌落式熔断器在分支线路上的应用改造示意图（优化后）

4. 改造原则

经过上述改造，在不影响供电能力的前提下，提高了分支线路保供电的灵活性。以发电车对小分支线路保供电为例，当主线需要停电检修、改造时，拉开分路跌落式熔断器，投入发电车切换电源。然后通过带电作业的方式解开分支线路1号耐张杆的耐张引线，可减少停电时户数。在主线分支侧加挂接地线后，即不影响主线登杆停电作业。同时，该分支线路的拉线可装设在主线分出电杆或分支线路1号耐张杆，具体视现场实际地形而定，可减少跨路高拉等复杂情况的出现。

5. 该方案对不停电作业的提升成效

该方案是将0号杆跌落式熔断器安装至1号杆位置，未增加投资成本，使0号杆塔结构简单，方便停电施工人员对0号杆主线、分支线路进行检修作业，方便对主线、支线进行保供电作业，有利于停电施工区域与保供电区域的清晰分割，使得停电施工区域安全措施简单明确，提升作业效率和安全性。

优化方案二：柱上变压器台架跌落式熔断器的改造（优化）

1. 适用对象

一般适用于架空配电线路柱上变压器台架跌落式熔断器。

2. 优化前基本情况

柱上变压器台架跌落式熔断器示意图（优化前）如图 3 - 24 所示。

根据《国家电网公司配电网工程典型设计——10kV 配电变台分册》，对于单回路架空配电线路中新装柱上变压器台架，要求其采用等高杆方式顺线路方向架设。电杆采用非预应力混凝土杆，杆高原则上为 12m、15m 两种。为了不产生停电时户数，这就要求不停电作业进行立杆。由于大部分单位在立杆时不使用底盘、卡盘，致使新立电杆与原有电杆在承受变压器台架的重力后，其沉降情况不引起变压器台架不符合验收标准。

3. 优化后情况

将柱上变压器台架由等高杆方式，改造为高、低杆方式，副杆采用 9m 等径杆，如图 3 - 25 所示。同时变压器台架朝向可根据现场实际情况架设，方便高、低压运维人员巡视。

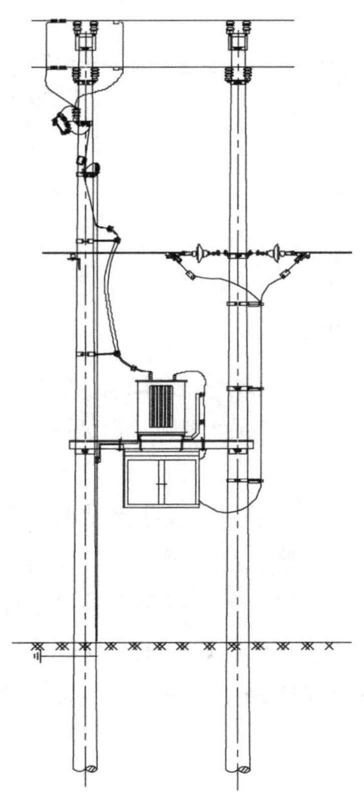

图 3 - 24　柱上变压器台架跌落式熔断器（优化前）

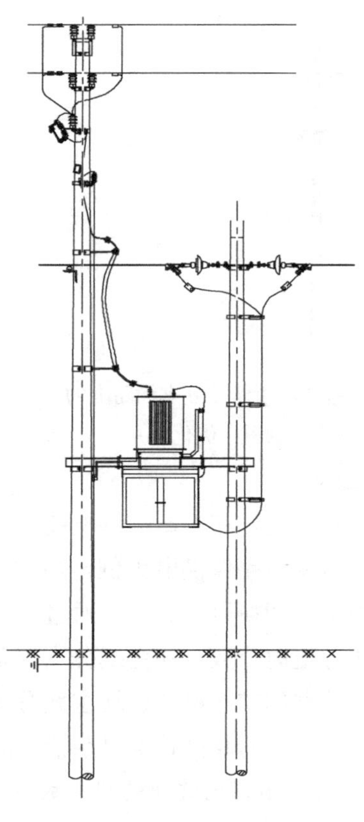

图 3 - 25　柱上变压器台架跌落式熔断器示意图（优化后）

4. 改造原则

柱上变压器台架采用双杆等高布置方式，低压综合配电箱以主杆为基准正面布置，在实际施工、运维中优势并不明显。将台架改造成高低杆布置方式，低压综合配电箱以便于巡视的方向为基准正面，既省去了带电撤、立杆的环节，又节约了大量的人力、物力。

5. 该方案对不停电作业的提升成效

该方案是副杆用低杆代替高杆，减少投资成本，通过将柱上变压器台架由等高杆方式改为高、低杆方式，可省去带电立杆这一环节，不停电作业班组仅需完成台区的高压引线带电搭接，节约人力、物力。同时当台区需要改造时，不停电作业班组仅需将高压引线拆除；当台区销户时，不停电作业班组也无需进行带电撤杆。

优化方案三：电缆分支杆跌落式熔断器安装方式应用改造（优化）

1. 适用对象

一般适用于客户电缆分支杆。

2. 优化前基本情况

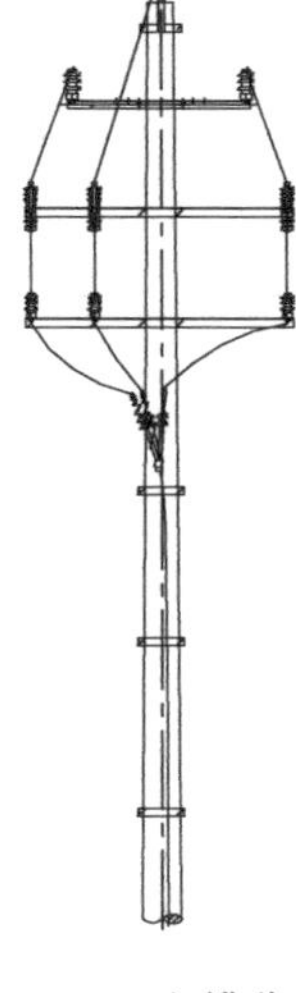

图 3-26　电缆分支杆跌落式熔断器安装方式示意图（优化前）

目前大多数客户电缆在主干线或支干线上经跌落式熔断器接入如图 3-26 所示，一般三相熔断器都装在来电侧或受电侧，这样安装的目的是三相引线在电杆的同一侧，但安全距离无法保证，带电作业时对作业人员设置遮蔽的工作量增加不少，需要三相引线搭接的顺序依次为：设置近边相导线遮蔽、中相搭接—设置中相遮蔽、远边相搭接—设置远边相引线遮蔽、近边相搭接—设置近边相遮蔽—拆除中相遮蔽—拆除远边相遮蔽—拆除近边相遮蔽—拆除近边相导线遮蔽，工序非常烦琐。

3. 优化后情况

将三相熔断器顺线路安装垂直于主干线或支干线线路横担，将引线错开空间，增加搭接点与临相引线的安全距离，同时大大减少作业工序。图 3-27 所示为电缆分支杆跌落式熔断器安装方式示意图（优化后）。

4. 改造原则

将原来同一平面的三相引线错位布置，顺线路设置在电杆两侧，增加各相搭接点之间的作业距离与作业空间。

5. 该方案对不停电作业的提升成效

该优化改造方案基本不增加投入成本，通过改造增加搭接时的安全距离，减少作业的遮蔽，三相引线搭接顺序依次为：设置近边相导线遮蔽—中相搭接—远边相搭接—近边相搭接—拆除近边相导线遮蔽，工序非常简单。同时对双回路垂直排列的主线路搭接，更加便于引线路径的布置。

优化方案四：经跌落式熔断器的配电线路支线改造（优化）

1. 适用对象

一般适用于架空配电线路分支线未经跌落式熔断器直接搭接在主线路的杆型。

2. 优化前基本情况

目前存在架空配电线路分支线 0 号杆未经跌落式熔断器直接搭接在主线路上

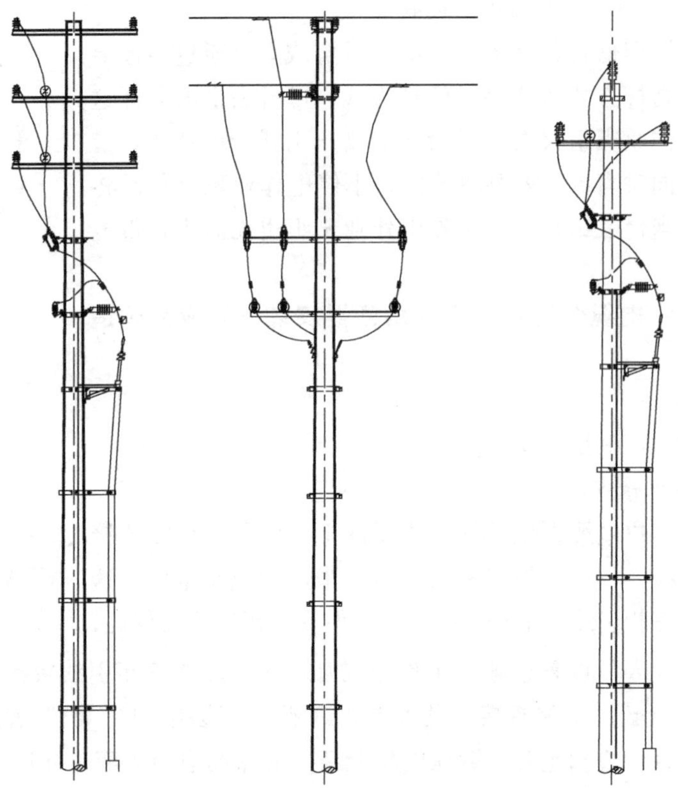

图 3-27 电缆分支杆跌落式熔断器安装方式示意图（优化后）

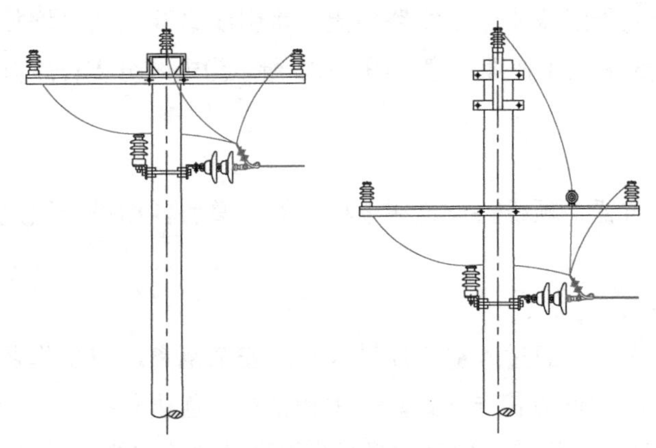

图 3-28 未经跌落式熔断器的配电线路支线改造示意图（优化前）

（图 3-28），支线每次停电施工作业前都需要不停电作业人员先带电断开分支引流线，在施工人员完成检修后，不停电作业人员再进行带电搭接分支引流线，增加了带电作业人的工作任务，影响了整个施工进度。

3. 优化后情况

分支线引流线必须经跌落式熔断器后再搭接在主线路上，并让支线与主线保持停电施工的安全距离（图 3-29），作业前不需要带电作业配合。

4. 改造原则

通过跌落式熔断器形成明显的断开点，运维人员在拉开跌落式熔断器后，方便对分支线路布置安全措施，施工人员可以对支线进行检修作业。

5. 该方案对不停电作业的提升成效

该方案是在分支线引流线与主线路之间增加了跌落式熔断器，增加了跌落式熔断器的投资成本，快速切除隔离支线故障，支线与主线保持停电施工的安全距离，作业前不需要带电作业配合，保证停电施工人员的安全距离，加快了停电施工的进度，节省了没有必要的带电作业费用，提高了分支线路保供电的灵活性，有利于停电施工区域与保供电区域的清晰分割，使得停电施工区域安措简单明确。

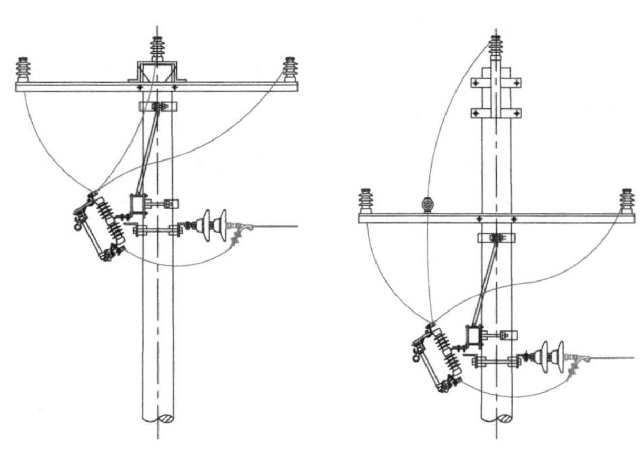

图 3-29　经跌落式熔断器的配电线路支线改造示意图（优化后）

3.4.2　全密封型

全封闭型熔断器（图 3-30）采用耐高温的密封保护管，内装熔丝或熔片。利用熔体自身熔断形成电弧，然后在电弧高温作用下，将灭弧管内的特殊材料气化产生大量气体，再依靠此气体在电流过零时将电弧吹灭。并且通过弹簧作用将熔管活动部分推出熔断器本体外，形成电气断口，以开断电路，切断故障线路或故障设备。

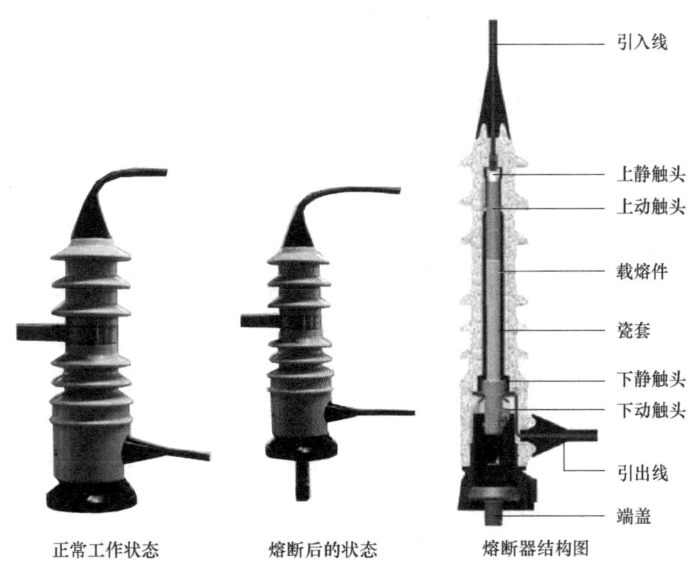

图 3-30　全封闭型熔断器

全封闭型熔断器优点：①全封闭，全绝缘，能避免鸟巢等异物引起的单相接地、相间短路。②小型、轻量化设计。③熔体熔断后有明显指示，容易辨识。④全封闭、全绝缘，有利于绝缘遮蔽，便于不停电作业的开展。

以带负荷更换熔断器为例，传统跌落式熔断器外形不平整，存在灭弧罩、拉环等凸出部件，不易进行绝缘遮蔽。且在对其进行绝缘遮蔽的过程中，存在意外跌落、造成拉弧的危险点，对不停电作业人员造成极大的心理压力。采用全封闭型熔断器，因其外形规整、全绝缘，易于对其进行绝缘遮蔽。即便是遮蔽过程中意外断开，其吹弧方向固定为向下排气，不停电作业人员可根据这一特性，有意识地避开危险区域。

3.5 绝　缘　子

3.5.1 普通绝缘子

绝缘子的作用是使导线和杆塔绝缘，同时还能承受导线及各种附件的机械荷重。通常，绝缘子的表面被做成波纹形的。这是因为：①可以增加绝缘子的泄漏距离（又称为爬电距离），同时每个波纹又能起到阻断电弧的作用。②当下雨时，从绝缘子上流下的污水不会直接从绝缘子上部流到下部，避免形成污水柱造成短路事故，起到阻断污水水流的作用。③当空气中的污秽物质落到绝缘子上时，由于绝缘子波纹的凹凸不平，污秽物质将不能均匀地附在绝缘子上，在一定程度上提高了绝缘子的抗污能力。绝缘子按照材质分为陶瓷和合成绝缘子，架空配电线路常用的绝缘子有针式绝缘子、蝶式绝缘子、悬式绝缘子、瓷横担、支柱式绝缘子和瓷拉棒绝缘子。

友好型 10kV 架空线路设计在绝缘子及其金具选型以及安装方面，应考虑不停电作业的技术要求：

（1）绝缘子宜采用具有较大爬距的防雷绝缘子。

（2）在空气污秽地区及其他污秽区域，绝缘子宜采用爬距大的绝缘子，以便于不停电作业清洗或清扫新设备绝缘子。

（3）在金具选型时，宜采用适应于不停电作业装、拆及断、接的带通用接口（环）、便于绝缘杆作业法灵活操作的金具，且满足国家标准的机械强度安全系数及相关技术规定。

（4）针式绝缘子安全距离小、钢脚长，雷击频繁，经常造成线路故障；在瓷群设置绝缘遮蔽隔离措施后扎线绑扎困难不利于不停电检修作业开展，取消针式绝缘子设计、安装使用，采用安全距离大、绝缘瓷群间隙大的全瓷式瓷横担绝缘子或棒式、支柱式绝缘子，便于配电网不停电检修作业。

除此以外，对现有绝缘子在配电线路上的安装应用常见问题，按照利于检修作业的原则，提出有关优化改造建议，具体如下：

优化方案一：配电线路直线杆绝缘子改造（优化）

1. 适用对象

一般适用于架空配电线路安装直线杆绝缘子的杆型。

2. 优化前基本情况

目前有部分直线杆绝缘子采用针式绝缘子（图3-31），针式绝缘子瓷裙短，对地安全距离小、钢脚长，雷击频繁，经常造成线路故障，在瓷裙设置绝缘遮蔽时，容易发生相地短路。

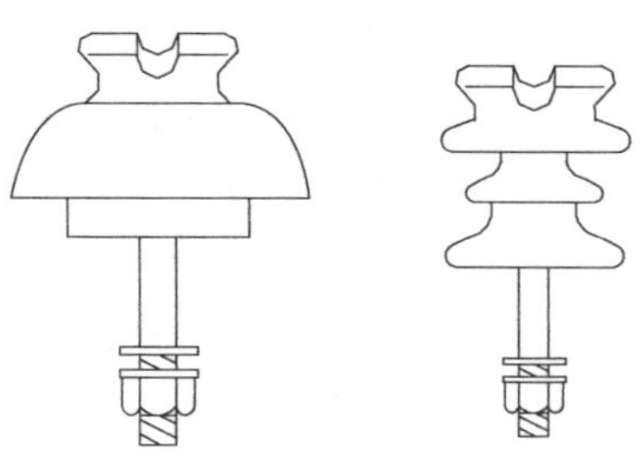

图3-31　针式绝缘子示意图（优化前）

3. 优化后情况

取消针式绝缘子安装设计使用，采用安全距离大、爬距大、绝缘瓷群间隙大的全瓷式瓷横担绝缘子或棒式、柱式绝缘子（图3-32～图3-34），满足配电网不停电检修作业。

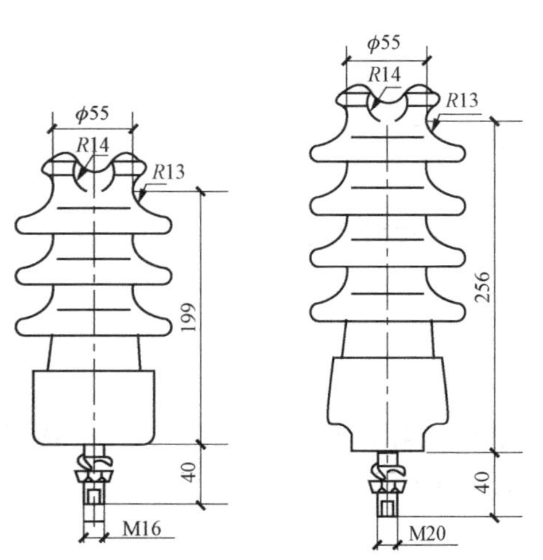

图3-32　柱式绝缘子示意图

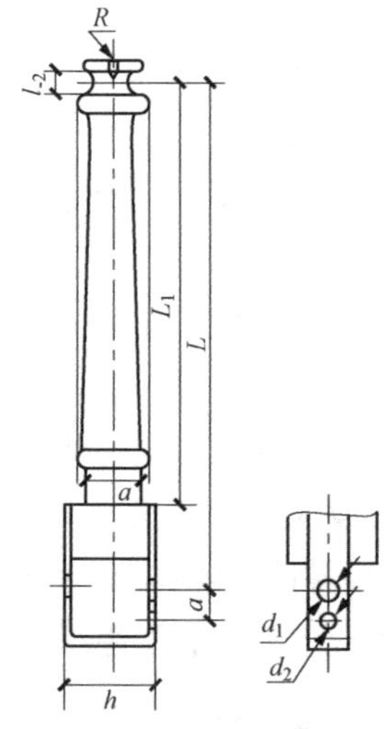

图3-33　瓷横担绝缘子示意图

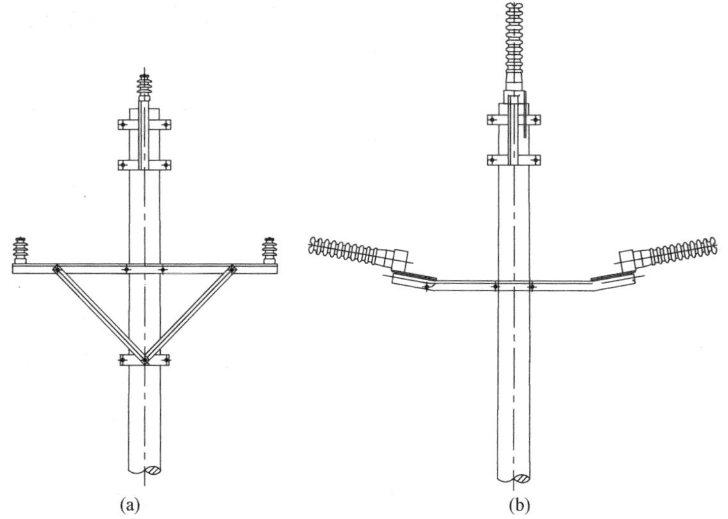

图3-34　安装柱式绝缘子或瓷横担的直线杆示意图（优化后）

（a）安装柱式绝缘子的直线杆；（b）安装瓷横担的直线杆

4. 改造原则

增加带电体对接地体的安全距离，增加绝缘子爬距，增加了不停电作业人员在进行绝缘遮蔽、更换绝缘子、绑扎绝缘子扎线时对地距离。

5. 该方案对不停电作业的提升成效

该方案是将爬距大的绝缘子代替针式绝缘子，增加少量投资成本，通过改造，不停电作业人员在对绝缘遮蔽、更换绝缘子、绑扎绝缘子扎线时不易碰触到接地体，提高不停电作业安全性。

优化方案二：配电线路绝缘子绑扎扎线改造（优化）

1. 适用对象

一般适用于架空配电线路安装针式绝缘子、蝶式绝缘子、瓷横担、支柱式绝缘子和瓷拉棒绝缘子的杆型。

2. 优化前基本情况

目前设计采用的10kV绑扎式针式绝缘子或瓷横担，很难实现绝缘杆作业法更换直线杆针式绝缘子或横担，绝缘子扎线绑扎困难，不利于不停电作业绝缘杆作业法的开展。

3. 优化后情况

推荐适合绝缘杆作业的固定导线装置，替换普通扎线绑扎。

4. 改造原则

用其他固定导线方式替代扎线绑扎。

5. 该方案对不停电作业的提升成效

该方案是将用其他固定导线方式替代扎线绑扎，增加少量投资成本，通过改造，提高不停电作业效率，利于绝缘杆不停电作业的推广应用。

3.5.2 防雷绝缘子

10kV防雷绝缘子采用了穿刺型结构可穿透安装在线槽内的导线绝缘层形成电气连接，独特的引弧叉通过螺栓与绝缘子上端金具紧密相连，另一端为放电端，与安装在绝缘子下端金具上的接地电极形成一个放电间隙，并有绝缘罩包裹除引弧叉放电端外的绝缘子上端所有裸露金具部分，从而将架空导线拉紧和绝缘，并起到防雷作用，根据用途可分为用于直线杆和用于耐张杆两种类型。图3-35所示为防雷直线绝缘子。

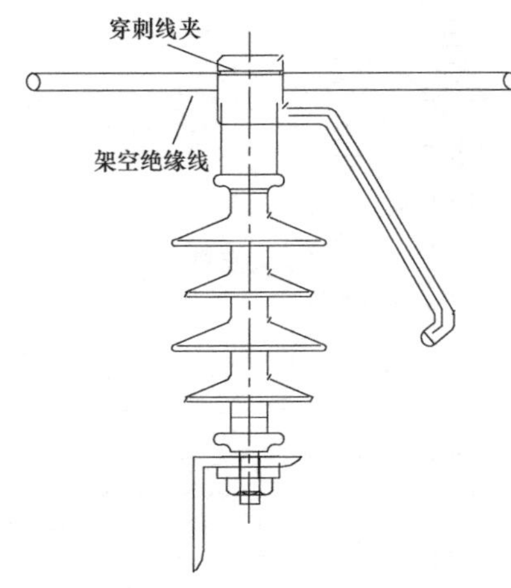

图3-35　防雷直线绝缘子示意图

用于直线杆的防雷绝缘子在绝缘子两端安装放电金具和引弧金具组成固定放电间隙，放电金具内段绝缘导线剥皮处理，建议每3基左右电杆加1处接地，多雷区应逐基加接地；用于耐张杆的防雷绝缘子在绝缘子两端分别安装放电金具和引弧金具组成固定放电间隙，耐张线夹内段绝缘导线剥皮处理，建议每基电杆加1处接地。当雷电过电压闪络后，工频短路电流在放电金具与引弧金具之间燃烧，保护绝缘导线免受损伤。

优化方案：配电线路带间隙型避雷器改造（优化）

1. 适用对象

一般适用于架空配电线路带间隙型避雷器的杆型。

2. 优化前基本情况

目前有些配电线路存在引弧环带间隙型避雷器（图3-36），在作业时设置遮蔽措施也极其不方便。且避雷器一旦损坏无法预先知道，对作业人员来说非常危险不可控，在对其做绝缘遮措施时容易造成相地短路。

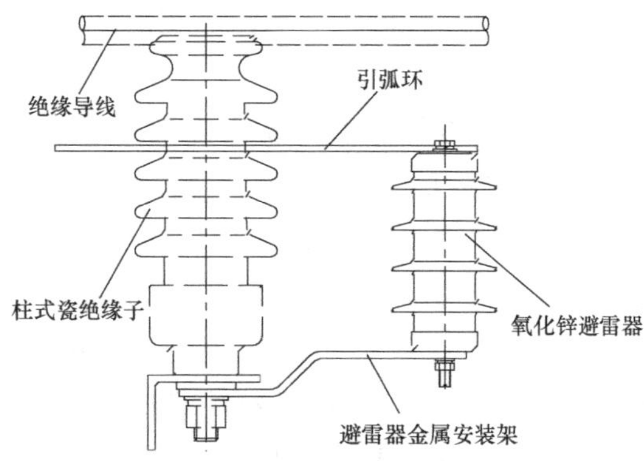

图3-36　引弧环带间隙型避雷器示意图

3. 优化后情况

采用防雷绝缘子，增加原绝缘子的爬距，无引弧环，以空气间隙作为防雷间隙，有利于不停电作业做绝缘遮蔽措施，不易发生相地短路，如图3-37所示。加长防雷绝缘子固定螺杆，可拧上两个螺帽，安装后自上而下分别是防雷绝缘子、横担、固定绝缘子螺帽、引弧板、固定引弧板螺帽，此种安装方式可以方便更换引弧板而不影响绝缘子。

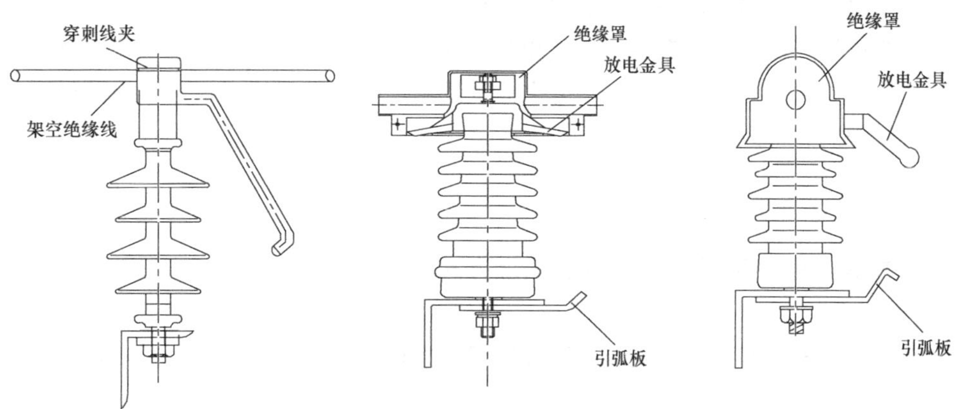

图3-37　几种防雷绝缘子示意图

4. 改造原则

增加相地距离，防雷绝缘子代替引弧环带间隙型避雷器，利用延长带电体，保留对地固定的放电间隙，方便做绝缘遮蔽措施。

5. 该方案对不停电作业的提升成效

该方案是将防雷绝缘子代替引弧环带间隙型避雷器，投资成本基本不变，固定的放电间隙，不停电作业时可以通过包毯、挡板阻断放电间隙，便于设置绝缘遮蔽措施，相对于引弧环带间隙型避雷器作业时更安全，提高不停电作业效率。加长防雷绝缘子固定螺杆，方便更换引弧板而不影响绝缘子。

3.6 避　雷　器

雷击分直接雷和感应雷，配电线路遭受的雷击主要是感应雷，占雷击总数的80%以上，目前配电线路防雷措施主要有采用避雷器、防雷绝缘子、放电间隙、耦合地线、避雷线等防雷措施，其中采用避雷器、防雷绝缘子、放电间隙为架空配电线路常用防雷措施，配电线路一般不架设避雷线。采用避雷器、防雷绝缘子、放电间隙防雷措施的架空配电线路，对配电网不停电检修业务的作业安全影响不大。部分架空配电线路因防雷需要，局部架设避雷线或耦合地线，如果作业范围内架设避雷线或耦合地线，对“带电组立或撤除直线电杆（第三类）”的作业影响是比较大的，甚至危及作业安全。

避雷器是用于保护电气设备免受雷击时高瞬态过电压危害，并限制续流时间，也常限制续流幅值的一种电器。避雷器有时也称为过电压保护器或过电压限制器。

10kV裸导线线路防雷可采用带间隙避雷器或架空地线两种方法；10kV绝缘导线线路防雷可采用多种方法，如加装防雷绝缘子、加装避雷器、限流消弧角、提高线路绝缘水平、增长闪络路径和架空地线保护等方式，推荐采用防雷绝缘子、带间隙的氧化锌避雷器、线路直连氧化锌避雷器、架空地线四种方式。

由于避雷器在运行过程中容易受过电压影响而发生接地故障，为降低架空配电线路单相接地故障、方便开展配电网不停电作业，建议安装避雷器的横担采用绝缘材料横担。绝缘材料横担尺寸参照角钢材料横担长度。

3.6.1 直线杆避雷器安装方式

优化方案：引弧棒型氧化锌避雷器安装方式

1. 适用对象

一般适用于架空配电线路安装直线杆绝缘子的杆型。

2. 优化前基本情况

目前有部分直线杆绝缘子采用的引弧棒型氧化锌避雷器的安装方式（图3-38）无法（或者难度较大）通过地电位带电作业方式进行更换。

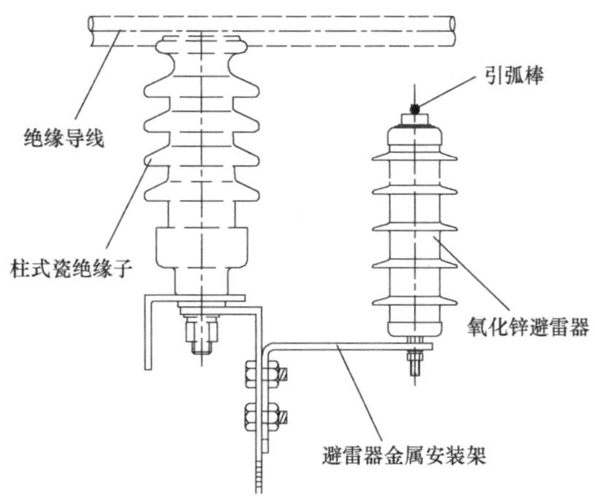

图3-38　引弧棒型氧化锌避雷器安装方式示意图（优化前）

3. 优化后情况

优化后，改变了原有的安装方式，将螺栓由水平方向改为垂直方向，取消了螺杆螺帽连接方式，而采用连接板内置螺纹的方式进行固定连接，如图3-39所示。

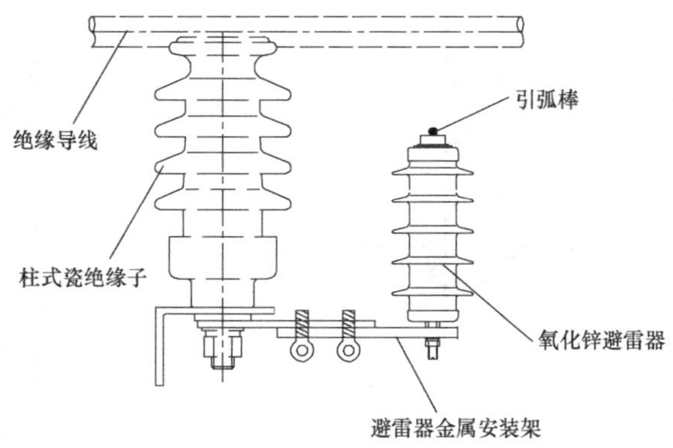

图3-39　引弧棒型氧化锌避雷器安装方式示意图（优化后）

4. 改造原则

避雷器金属安装支架内置螺纹，通过垂直方向由下而上安装的螺杆固定，这样既可以用绝缘杆作业法进行更换，也可以用绝缘手套法进行遮蔽和更换。

5. 该方案对不停电作业的提升成效

该方案是通过支架内置螺纹和端部圆环状的螺杆配合，通过改造，可以方便地实现带电更换避雷器工作，极大提升避雷器轮换效率，有利于绝缘杆作业法开展不停电作业的推广应用。

3.6.2　开关杆避雷器安装方式

柱上断路器能切合负载电流，并能可靠、迅速地切断短路电流；柱上负荷开关能切断额定负荷电流，不能切断短路电流；柱上断路器和柱上负荷开关外形、安装方式相似，本文仅提供柱上断路器杆避雷器典型安装方式，柱上负荷开关杆的避雷器安装时可参照相应柱上断路器杆避雷器安装方式自行选用。

优化方案一：单杆开关吊装避雷器安装方式

1. 适用对象

一般适用于架空配电线路单杆开关吊装的杆型。

2. 优化前基本情况

目前架空配电线路单杆开关吊装典型设计中，避雷器与开关之间距离较小，留给不停电作业工作开展的空间极为有限。

3. 优化后情况

如图 3-40 所示，开关采用吊装时，开关支架应垂直线路方向，避雷器装设于开关的下方，避雷器顶端距开关的垂直距离不小于 0.4m，同时避雷器引线与开关引线 T 接位置应满足引线相间距离大于 0.6m 的要求。

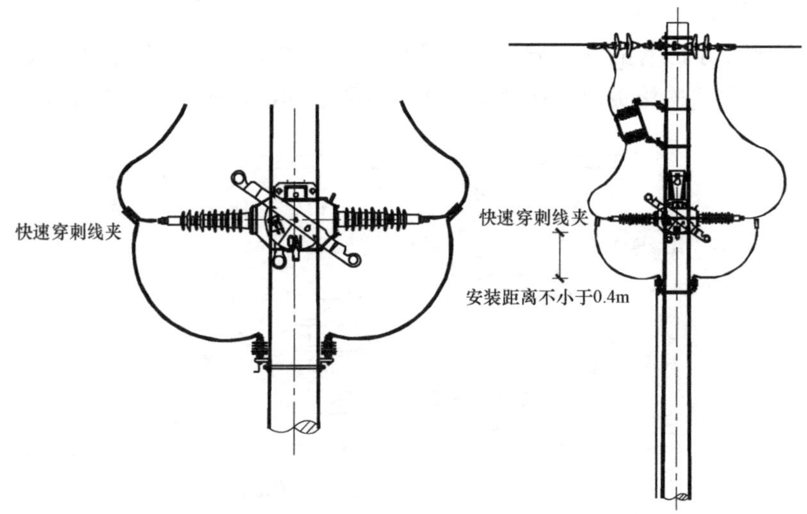

图 3-40　单杆开关吊装避雷器安装方式（优化后）

4. 改造原则

增大了避雷器与开关之间的距离，为不停电作业提供更加安全的作业空间，同时避雷器引线采用便于绝缘杆作业的穿刺型线夹，此种结构对于绝缘手套法作业更加便捷、安全，并且可以采用脚扣登杆的绝缘杆作业法带电更换避雷器。

5. 该方案对不停电作业的提升成效

该方案是通过改变避雷器安装位置和连接方式，在不增加成本的基础上，可以为不停电作业提供了更加安全的作业空间，也方便绝缘杆不停电作业的推广应用。

优化方案二：单杆开关座装避雷器安装方式

1. 适用对象

一般适用于架空配电线路单杆开关座装的杆型。

2. 优化前基本情况

目前架空配电线路单杆开关座装典型设计中，避雷器与开关之间距离较小，留给不停电作业工作开展的空间极为有限。

3. 优化后情况

如图 3-41 所示，开关采用座装时，开挂支架应垂直线路方向，避雷器装设于开关的下方，避雷器顶端距开关支架的垂直距离不小于 0.4m，同时避雷器引线与开关引线 T 接位置应满足引线相间距离大于 0.6m 的要求。

4. 改造原则

增大了避雷器与开关及开关支架之间的距离，为不停电作业提供更加安全的作业空间，同时避雷器引线采用便于绝缘杆作业的穿刺型线夹，此种结构对于绝缘手套法作业更加便捷、安全，并且可以采用脚扣登杆的绝缘杆作业法带电更换避雷器。

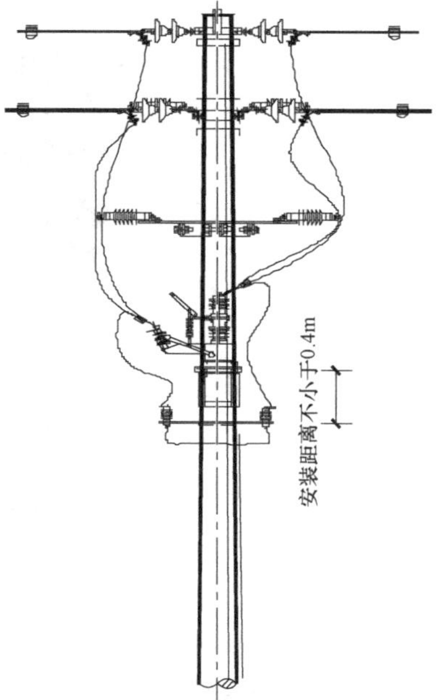

图 3-41　单杆开关吊装避雷器安装方式（优化后）

5. 该方案对不停电作业的提升成效

该方案是通过改变避雷器安装位置和连接方式，在不增加成本的基础上，可以为不停电作业提供了更加安全的作业空间，也方便绝缘杆不停电作业的推广应用。

优化方案三：双杆开关座装避雷器安装方式

1. 适用对象

一般适用于架空配电线路双杆开关座装的杆型。

2. 优化前基本情况

目前架空配电线路双杆开关座装典型设计中，避雷器与开关之间距离较小，留给不停电作业工作开展的空间极为有限。

3. 优化后情况

如图 3-42 所示，双杆安装开关避雷器横担应与熔断器横担保持 0.6m 及以上，避雷器引线直接连接到开关引线，避免压接于刀闸桩头，同时避雷器引线与开关引线 T 接位置应满足引线相间距离大于 0.6m 的要求。

4. 改造原则

通过改变避雷器安装位置，增大了避雷器与开关及开关支架之间的距离，为不停电作业提供更加安全的作业空间，同时避雷器引线采用便于绝缘杆作业的穿刺型线夹，此种结构对于绝缘手套法作业更加便捷、安全，并且可以采用脚扣登杆的绝缘杆作业法带电更换避雷器。

5. 该方案对不停电作业的提升成效

该方案是通过改变避雷器安装位置和连接方式，在几乎不增加成本的基础上，可以

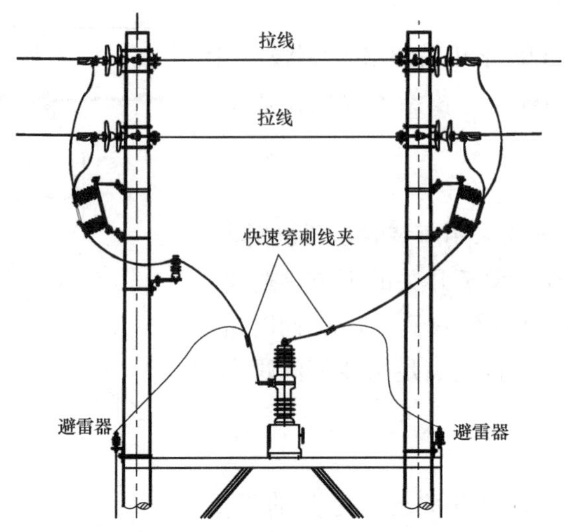

图 3-42 双杆开关吊装避雷器安装方式（优化后）

为不停电作业提供了更加安全的作业空间，也方便绝缘杆不停电作业的推广应用。

3.6.3 电缆杆避雷器安装方式

优化方案：电缆杆氧化锌避雷器安装方式

1. 适用对象

一般适用于架空配电线路上下电缆的杆型。

2. 优化前基本情况

目前架空配电线路电缆杆典型设计中，避雷器引线、电缆引线等较多，且存在直线绝缘子、避雷器等设备，导致杆上结构复杂。带电断、接与架空线路连接的空载电缆引线，空载电流不能大于 5A，当电缆距离较长，空载电流大于 0.1A 时须用消弧开关，因为线路结构无绝缘引流线的挂点，所以开展此类不停电作业难度较大、风险较高。

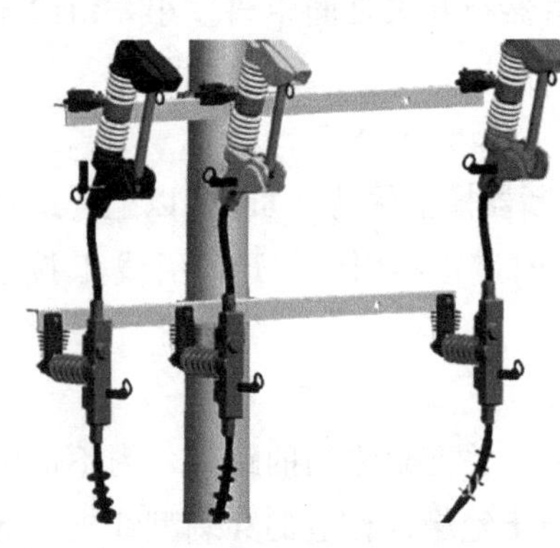

图 3-43 具有脱扣装置的氧化锌避雷器

3. 优化后情况

一是停电检修时，电缆处终端处具有接地线的挂点；二是带负荷更换跌落式熔断器或断、接空载电缆与架空线路的连接引线时，电缆终端处具有牢固可靠的绝缘引流线的挂点。

4. 改造原则

此处采用具有脱扣装置的氧化锌避雷器（图 3-43），避雷器同时作为电缆终端引线的固定点，电缆终端引线与电缆、架空线路或设备之间的连接引线采用了具有接地挂杆的设备线夹。

5. 该方案对不停电作业的提升成效

该方案减少了直线绝缘子及横担、接地环等构件，压缩了投资成本，通过功能复用，极大提升了停电检修和带电拆接引线的便捷性，也为此种杆型中开展不停电作业提供了更加安全的作业空间。

3.6.4 变压器台架避雷器安装方式

变压器高压侧须安装避雷器，多雷区低压侧宜安装避雷器，避雷器应尽量靠近被保护设备，且连接引线尽可能短而直；接地体一般采用镀锌钢，腐蚀性高的地区宜采用铜包钢或者石墨；接地电阻、跨步电压和接触电压应满足有关规程要求。

优化方案：变压器杆普通型避雷器安装方式

1. 适用对象

一般适用于架空配电线路变压器杆安装氧化锌避雷器的杆型。

2. 优化前基本情况

原有杆型避雷器位于电杆背侧（图3-44），不利于绝缘斗臂车靠近，并且避雷器靠近接地环，设备复杂，遮蔽难度大，给不停电作业带来较大困难。

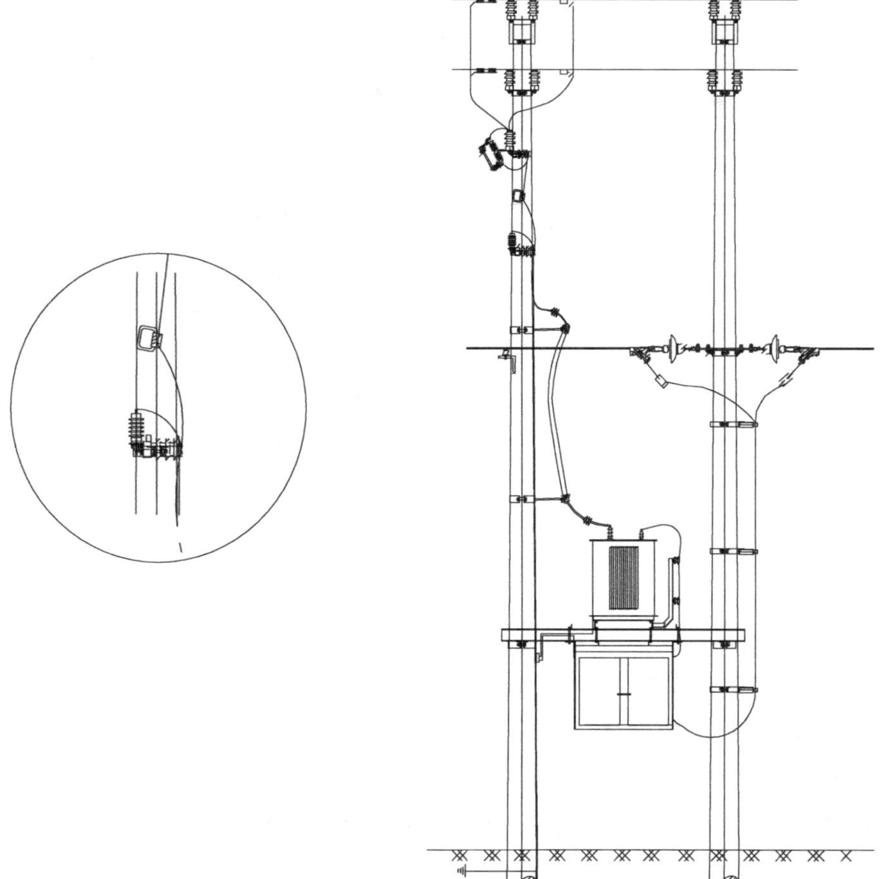

图3-44 变压器杆普通型避雷器安装方式（优化前）

3. 优化后情况

对于通过电缆引线至变压器高压套管的杆型，普通型避雷器安装位置靠近电缆端头，并且在双杆的外侧，为便于带电更换和检修，避雷器应安装于跌落式熔断器下方（图 3-45），并与跌落式熔断器下桩头保持 0.6m 以上距离，避雷器引线接入电缆引线，同时接入点保证引线相间距离满足 0.6m 距离，为后续不停电作业提供足够的作业空间。

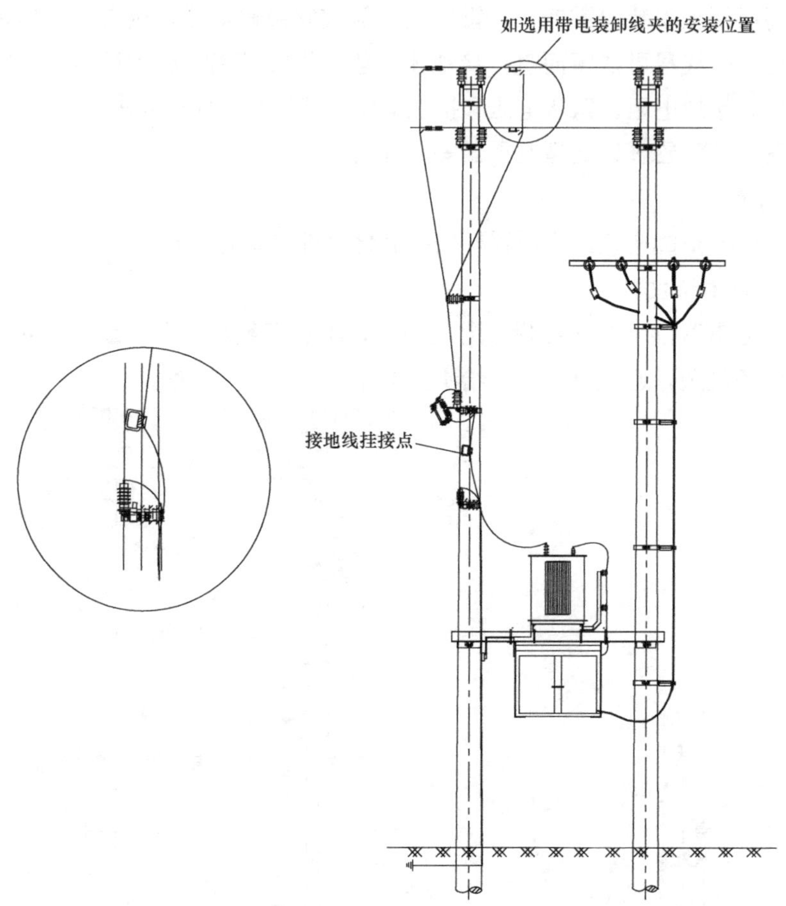

图 3-45 变压器杆普通型避雷器安装方式（优化后）

4. 改造原则

将避雷器安装位置调整为电杆外侧，便于不停电作业人员接近，作业空间大；增加避雷器与接地换之间的距离，可以有效降低不停电作业时作业范围内设备的复杂程度，降低遮蔽难度，提升作业安全性。

5. 该方案对不停电作业的提升成效

该方案通过调整避雷器安装位置，在不增加成本的基础上，极大提升了不停电作业的便捷性和安全性。

3.6.5 终端杆避雷器安装方式

优化方案一：电缆终端杆避雷器安装方式

1. 适用对象

一般适用于架空配电线路变压器杆安装氧化锌避雷器的杆型。

2. 优化前基本情况

原有杆型避雷器位于电杆背侧，不利于绝缘斗臂车靠近，并且避雷器靠近接地环，设备复杂，遮蔽难度大，给不停电作业带来较大困难。

3. 优化后情况

电缆终端杆避雷器安装位置应位于电缆头对侧，引线连接到电缆引线上，如图3-46所示。同时保障T接点相间距离大于0.6m，相地距离大于0.4m。

4. 改造原则

通过改变避雷器安装位置以及避雷器引线T接位置，增大了杆上各设备和引线之间的距离，为后续不停电作业提供足够的作业空间。

5. 该方案对不停电作业的提升成效

该方案通过调整避雷器安装位置和避雷器引线T接位置，增大了设备间距离，在不增加成本的基础上，极大提升了不停电作业的便捷性和安全性。

优化方案二：断路器接电缆终端杆避雷器安装方式

1. 适用对象

一般适用于架空配电线路断路器接电缆终端的杆型。

2. 优化前基本情况

开关前后各有一组避雷器，电缆终端引线还设置有直线绝缘子用于固定引线，设备较多，安装位置较为紧密，不停电作业空间较小，作业风险高。

3. 优化后情况

如图3-47所示，断路器接电缆杆型，开关前侧避雷器安装位置应位于开关下侧，且避雷器上端与开关外壳保持0.4m以上安全距离，同时避雷器引线直接连接于开关引线，连接点保障相间距离满足0.6m，为不停电作业提供足够的安全空间。电缆侧选用防雷直线绝缘子固定电缆引线。

4. 改造原则

电缆侧使用防雷绝缘子代替原有的直线绝缘子和避雷器，减少设备数量和引线数量；开关电源侧避雷器安装位置下移，增大设备空间。

5. 该方案对不停电作业的提升成效

减少了设备和引线的数量，节约了成本；增大了杆上各设备和引线之间的距离，为后续不停电作业提供足够的作业空间。

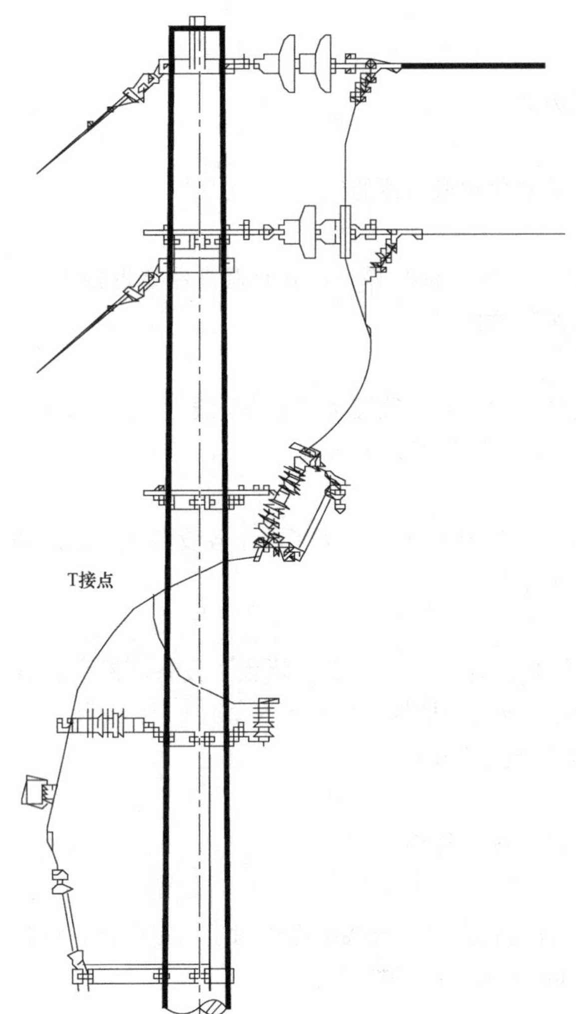

图 3-46　电缆终端杆避雷器安装方式示意图（优化后）

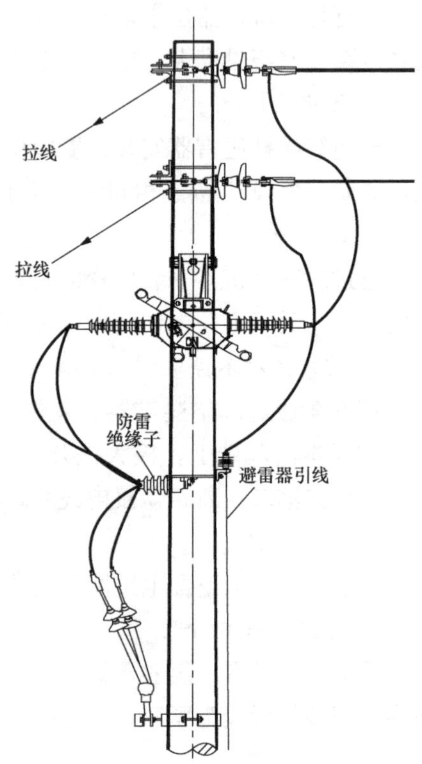

图 3-47　断路器接电缆终端杆避雷器安装示意图

3.7　线夹及金具

架空配电线路的金具主要是指用于连接、固定、保护、接续导线及接线结构上用于连接、固定的金属附件。金具的种类很多，按用途和性能的不同，配电线路常用金具一般可分为线夹金具、连接金具、接续金具、保护金具和接线金具五大类。接续金具是指用于两根导线之间的接续，并能满足导线所具有的机械及电气性能要求的金具。分为承力型接续金具和非承力型接续金具两种。按照接续方法的不同，接续线夹可分为铰接、对接、搭接、插接、螺接等定型的接续线夹。按照施工方法和结构形状的不同，接续金具分为钳压接续金具、液压接续金具、爆压接续金具、螺栓接续金具以及预绞线缠绕的螺旋接续金具等。配电线路使用的接续金具以非承力型接续金具为主，常见的线夹种类如图 3-48 所示，不同的线夹使用方法不同，优缺点各异。

图 3-48　常见线夹种类

(a) 安普线夹；(b) 设备线夹；(c) C 型线夹；(d) 并沟线夹；(e) 穿刺线夹；(f) J 型线夹；(g) 猴头线夹；(h) 马镫线夹；(i) 铜猴头线夹

架空配电线路线夹及金具型号众多，部分线夹及金具在使用和装拆更换过程中极其困难，影响作业安全与作业效率；同时部分线夹及金具不适宜配电网不停电作业、安装或更换。配电线路接续线夹优选原则：①能适宜带电操作安装；②能便宜操作杆作业法安装；③能方便用电动扳手安装；④能永久牢固安装的；⑤能在一处接续点方便连续安装两个的；⑥有防导线振动后松弛的“弹性变量”措施。

配电网不停电作业友好型架空配电线路在设计施工时，应优先考虑线夹及金具适应配电网不停电作业，既要方便绝缘杆作业法操作，又要适应绝缘手套作业法开展。

3.7.1　绝缘杆作业快速接入线夹

优化方案一：改进 J 型线夹

改进 J 型线夹对原有的 J 型线夹进行了不停电作业友好方向改进，将原有 J 型线夹采用螺母螺栓式紧固的方式，改变为可旋转环扣的方式，用一支射枪操作杆即可完成紧固或松动，极大增强了不停电操作的便利性。

改进 J 型线夹及绝缘罩如图 3－49 所示。此线夹可提升绝缘杆作业法带电断、接引线效率。接引线时，作业人员使用射枪操作杆与线夹旋转扣环相连接，就可完成线夹旋紧或者旋松的操作，作业完毕后，可使用配套的绝缘护套对线夹或者裸露的导线恢复绝缘。

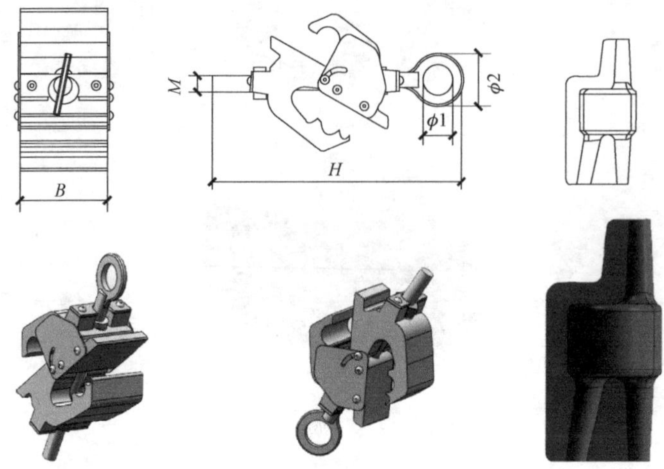

图 3－49　改进 J 型线夹及绝缘罩

优化方案二：绝缘穿刺带电 T 型线夹

绝缘穿刺带电 T 型线夹如图 3－50 所示。仅上端采用半穿刺结构，下端通过两只环扣式推挤弧形压板进行紧固，能有效改进传统全穿刺线夹因导体同心度不够或绝缘厚度不均对穿刺性能的影响。绝缘穿刺带电 T 型线夹主要参数见表 3－1。

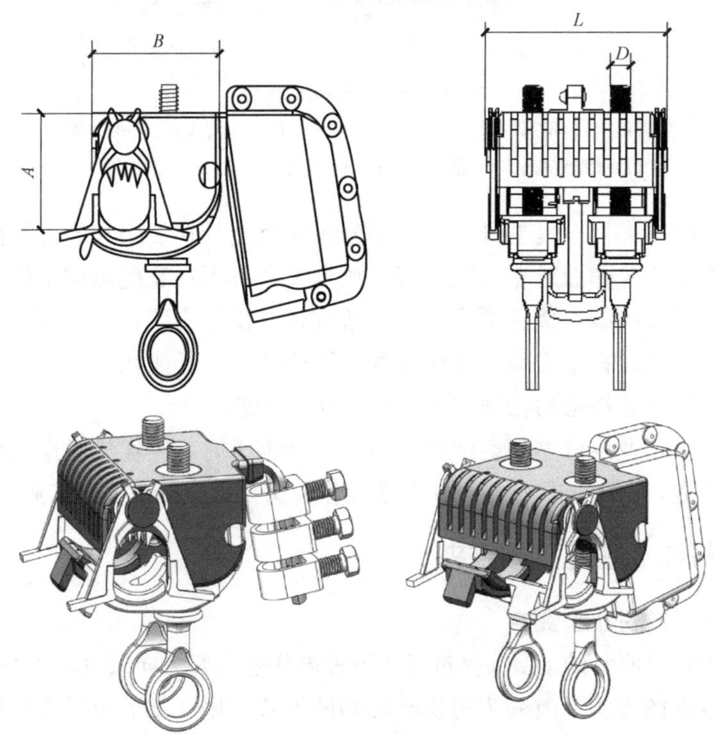

图 3－50　绝缘穿刺带电 T 型线夹

表 3-1　　绝缘穿刺带电 T 型线夹主要参数

型号	适用绞线截面/mm²	主要尺寸/mm				质量/kg	材质
		L	*D*	*A*	*B*		
JCDT-1	150～240	88	10	70	75	1.2	塑料，铜
JCDT-2	50～120	70	10	65	70	1.0	塑料，铜

绝缘穿刺带电 T 型线夹可以方便地使用射枪操作杆对线夹进行安装或者拆除，同时主线采用穿刺型连接，不需要进行绝缘剥除，大大降低了绝缘杆作业法难度和工具成本，提升作业效率。使用时引线和主线分开固定，带电接引线时先固定引线，再连接主线，带电断引线时，先拆除主线连接，然后再拆除引线连接，作业高效便捷，有效提升带电断、接引线作业便捷性和高效性。

优化方案三：螺栓型挂钩引流线夹

螺栓型挂钩引流线夹（JLGY）如图 3-51 所示，其主线连接部分采用可旋转环扣螺栓方式，可以便捷地使用射枪操作杆等进行绝缘杆作业法作业，引线采用常规螺栓压接，与主线分开压接，在带电断、接引线作业过程中可以方便地实现引线、主线分开压接或者拆除，提升作业效率和安全性。螺栓型挂钩引流线夹主要参数见表 3-2。

表 3-2　螺栓型挂钩引流线夹主要参数

型号	适用引下线截面/mm²	主要尺寸			载流量/A	质量/kg	材质
		H	*A*	*L*			
JLGY-1	35～50	115	20	44	≥50	0.4	铜镀锡
JLGY-2	70～95	140	25	52	≥200	0.6	铜镀锡
JLGY-3	185～240	150	30	52	≥400	0.8	铜镀锡

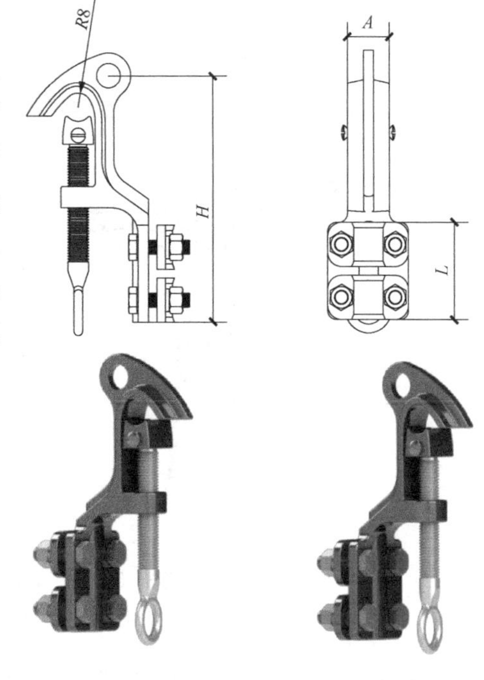

图 3-51　螺栓型挂钩引流线夹

螺栓型线夹还可以用在绝缘引流线、旁路电缆等连接端头，实现旁路作业中，使用绝缘杆作业法挂接、拆除绝缘引流线或者旁路电缆。

3.7.2　多功能通用线夹

优化方案一：全绝缘接地引流线夹

全绝缘接地引流线夹（JGRD）如图 3-52 所示，它将悬挂接地线的铝线换成铜镀锡软织线，考虑了铜铝过渡的问题，在旁路接引时使得引流线更加接触紧密，并兼容了接地和旁路接引的功能，便于不停电旁路接引作业的开展。产品符合国标 IP43 防护等级要求，且试验证书已取得，绝缘罩内无积尘、无积水、无灼伤、安全可靠。安装好后，需要整个引流线夹处于全绝缘状态；需要安装接地线或者引流线夹时，使用绝操作杆打开软织线遮蔽罩，即可安装接地线或者绝缘引流线。

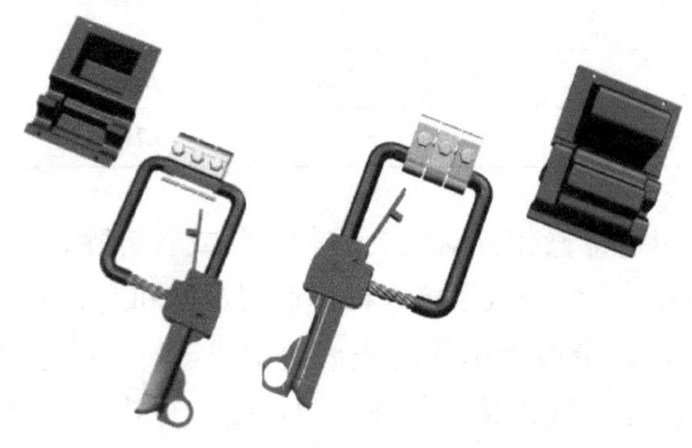

图 3-52　全绝缘接地引流线夹

优化方案二：弓形压紧式成套线夹

弓形压紧式成套线夹，由弓形压紧式验电接地接续线夹（GXHD）和弓形压紧式卡线钩（GXGHD）构成，如图 3-53 所示，其主要参数见表 3-3 和表 3-4。该线夹创新采用上部弓形元件与底部导线弓形底托的具有国际先进理念的弹性压紧式结构形式，通过螺栓紧固，形成弹性压紧力，并且能够实现一支射枪式绝缘操作杆，即可完美实现该线夹的带电安装、拆除作业，使不停电作业变得简单、安全、可靠，提高不停电作业效率。

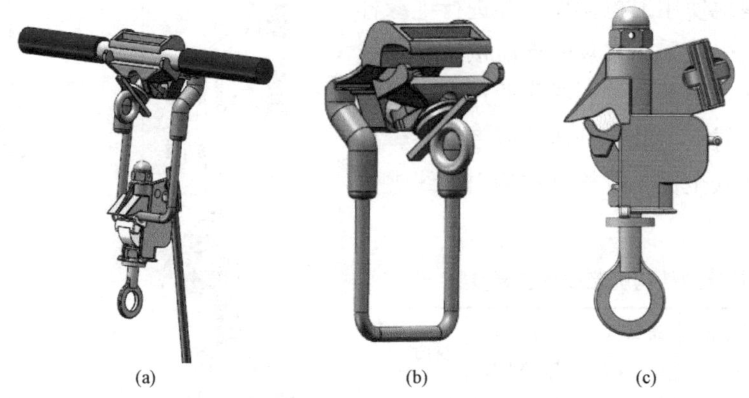

(a)　　(b)　　(c)

图 3-53　弓形压紧式成套线夹及其组成

(a) 弓形压紧式成套线夹；(b) 弓形压紧式验电接地接续线夹；(c) 弓形压紧式卡线钩

表 3-3　弓形压紧式验电接地接续线夹主要参数

型号	规格	导线		操作环拧紧力矩/(N·m)	主要尺寸/mm					材质
		适用绞线直径/mm	适用绞线型号，截面/mm²		L	A	B	ϕ_1	ϕ_2	
GXHD	GXHD-1	8.3～21.6	JKLYJ-10，50～240 JKLGYJ-10，50/8～240/40 JL/G1A，50/8～240/30	30	88	50	97	19	31	铝合金/铜

表 3-4　　弓形压紧式卡线钩主要参数

规格	线夹开口连接主线		线夹螺栓锁紧引线		主要尺寸/mm			操作环拧紧力矩	螺栓拧紧力矩	材质
	线径	适用绞线型号，截面/mm²	适用绞线直径	适用绞线型号	H	ϕ_1	ϕ_2			
GXGHD-1	4～12.5	JKLYJ-10，16～95 JKLGYJ-10，16/3～95/15 JL/G1A，50/8～70/10 BVR，2.5～35	4～10.2	BVR 2.5～25	95	19	31	30	10	铜

弓形压紧式验电接地接续线夹可以实现绝缘操作杆方便安装，操作人员使用射枪操作杆连接到弓形压紧式验电接地接续线夹环形螺栓，即可操作完成安装，此线夹既能满足验电、接地需求，又可方便安装接续线夹或者旁路电缆、绝缘引流线等，一个线夹满足多种功能需求；弓形压紧式卡线钩也可通过射枪操作杆进行便捷安装，可以方便地实现 T 型接线，便于地电位开展业扩接火、拆头等工作。

优化方案三：绝缘穿刺接地引流线夹

绝缘穿刺接地引流线夹（JCDY）如图 3-54 所示，它是在原装卸线基础上进行了优化，设计了穿刺型，原线夹需对绝缘导线进行剥皮后接入，优化后的绝缘穿刺接地引流线夹由于采用了穿刺设计，因此不需要剥除绝缘层，作业更方便，更利于不停电作业的开展。同时优化后的绝缘穿刺接地引流线夹即可用于接地线的挂接，也可用于旁路电缆、绝缘引流线的接入，同时也可以满足客户接入挂接的需求其主要参数见表 3-5。

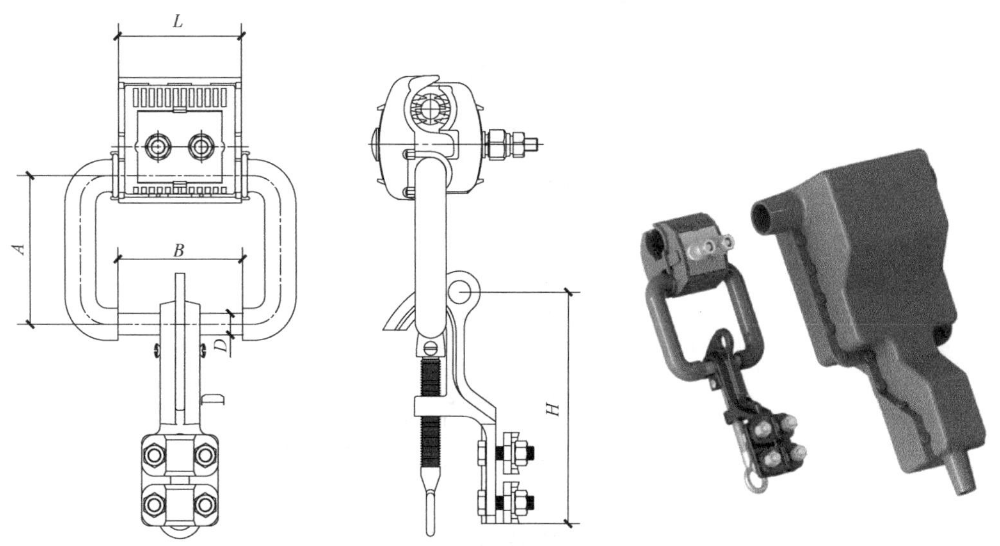

图 3-54　绝缘穿刺接地引流线夹

表 3-5　　绝缘穿刺接地引流线夹主要参数

型号	适用导线规格/mm^2	主要尺寸				安装扭矩/(N·m)	质量/kg	物料描述	材质
		D	B	A	L				
JCDY-1	150～240	15	150	110	80	28	1.5	接续金具一穿刺引流线夹，10kV，240mm^2	铝合金，铜
JCDY-2	50～120	10	120	100	70	28	1	接续金具一穿刺引流线夹，10kV，120mm^2	铝合金，铜

优化方案四：绝缘穿刺接地旁路线夹

在架空绝缘线路上，旁路线夹与接引线夹通常合在一起使用，形成绝缘穿刺接地旁路线夹（JCDP），如图 3-55 所示，它可实现桥接入、旁路接入电网，中压发电车取电转供等大电流的快速接入或退出电网。旁路线夹单一使用时，也可满足绝缘导线挂接地环。接引线夹单一使用时，可满足裸导线接引。

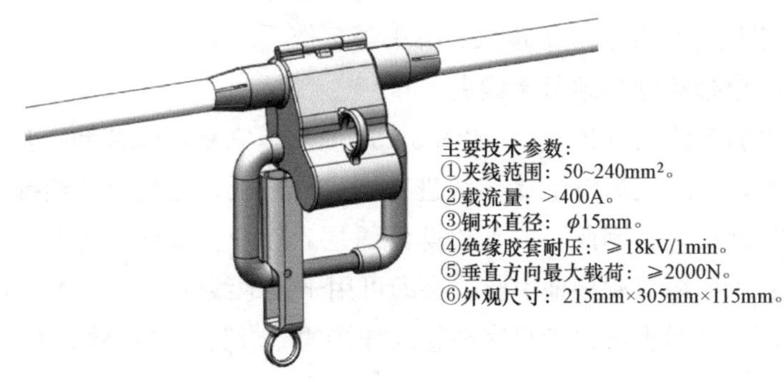

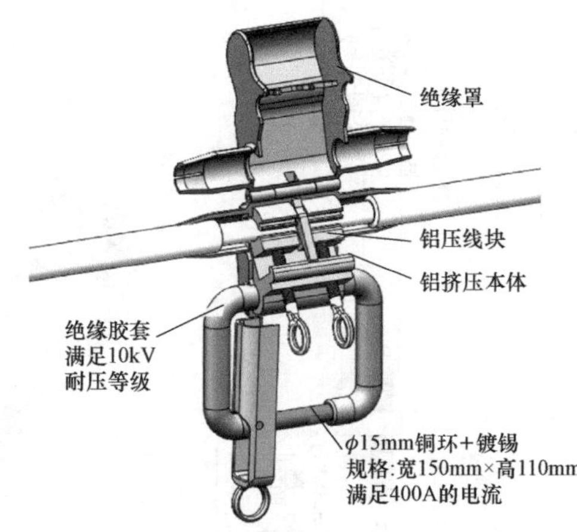

图 3-55　绝缘穿刺接地旁路线夹

第 4 章　架空配电线路不停电作业友好型设计案例

配电网不停电作业友好型架空配电线路优化设计，包括配电网架、杆位路径、杆头结构、防雷措施、其他设施等，其中杆头结构设计在配电网不停电作业友好型架空配电线路优化设计中尤其重要，对开展配电网不停电作业影响大且容易被疏忽。

本章介绍常见的架空配电线路不停电作业友好型杆头设计实例，并以某段架空配电线路设计为例，详细介绍按照传统停电检修作业方式下的设计及其不停电作业分析与按照架空配电线路不停电作业友好型设计的优化方案，并分析不同设计要求下的经济技术指标。

4.1　配电网不停电作业友好型架空配电线路常用杆头布置

4.1.1　直线杆杆头排列方式

1. 单回路水平排列直线杆

单回路水平排列直线杆杆头示意图如图 4-1 所示。表 4-1 为海拔 3000m 及以下地区 10kV 单回路水平排列直线杆横担选型表。

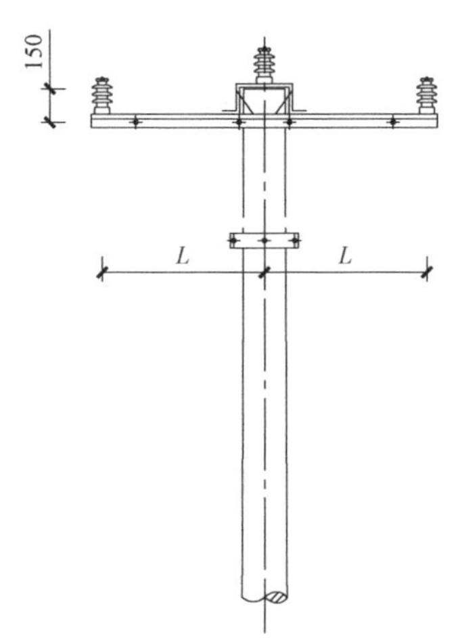

图 4-1　单回路水平排列直线杆杆头示意图

表 4-1　海拔 3000m 及以下地区 10kV 单回路水平排列直线杆横担选型表（梢径 430mm 及以下电杆）

线型	横担使用档距	尺寸/mm	240mm² 及以下导线截面	
		L	主材规格/(mm×mm)	横担长度/mm
绝缘线	80m 及以下	800	∠80×8	1700
裸导线	60m 及以下	900	∠80×8	1900
	60～80m	1000	∠80×8	2100

2. 单回路三角排列直线杆

单回路三角排列直线杆杆头示意图如图 4-2 所示。表 4-2 为海拔 3000m 及以下地区 10kV 单回路三角排列直线杆横担选型表。

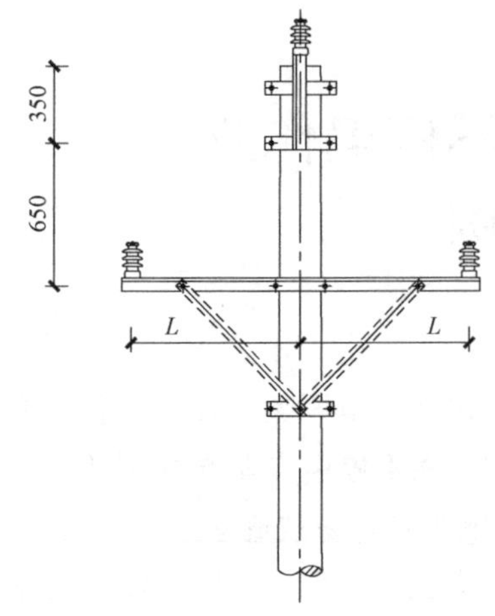

图 4-2 单回路三角排列直线杆杆头示意图

表 4-2 海拔 3000m 及以下地区 10kV 单回路三角排列直线杆横担选型表（梢径 430mm 及以下电杆）

线型	横担使用档距	尺寸/mm	240mm² 及以下导线截面	
		L	主材规格/(mm×mm)	长度/mm
绝缘线	80m 及以下	800	∠80×8	1700
裸导线	100m 及以下	1000	∠80×8	2100
	100～120m	1250	∠80×8	2600（加斜撑）

3. 单回路垂直排列直线杆

单回路垂直排列直线杆杆头示意图如图 4-3 所示，表 4-3 为海拔 3000m 及以下地区 10kV 单回路垂直排列直线杆横担选型表。

表 4-3 海拔 3000m 及以下地区 10kV 单回路垂直排列直线杆横担选型表（梢径 430mm 及以下电杆）

线型	横担使用档距	横担名称	尺寸/mm	240mm² 及以下导线截面	
			L	主材规格/(mm×mm)	长度/mm
绝缘线	80m 及以下	上、中、下横担	800	∠80×8	1100
裸导线	80m 及以下	上、中、下横担	800	∠80×8	1100

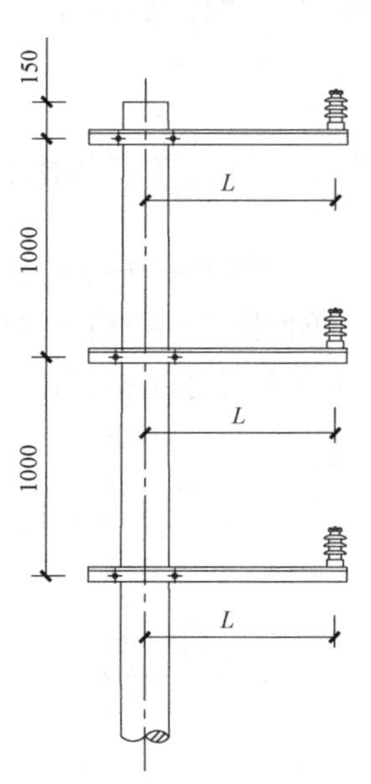

图 4-3 单回路垂直排列直线杆杆头示意图

4. 双回路三角排列直线杆

双回路三角排列直线杆杆头示意图如图 4-4 所示。表 4-4 为海拔 3000m 及以下地区 10kV 双回路三角排列直线杆横担选型表。

5. 双回路垂直（鼓型）排列直线杆

双回路垂直鼓型排列直线杆杆头示意图如图 4-5 所示。表 4-5 为海拔 3000m 及以下地区 10kV 双回路垂直（鼓型）排列直线杆横担选型表。

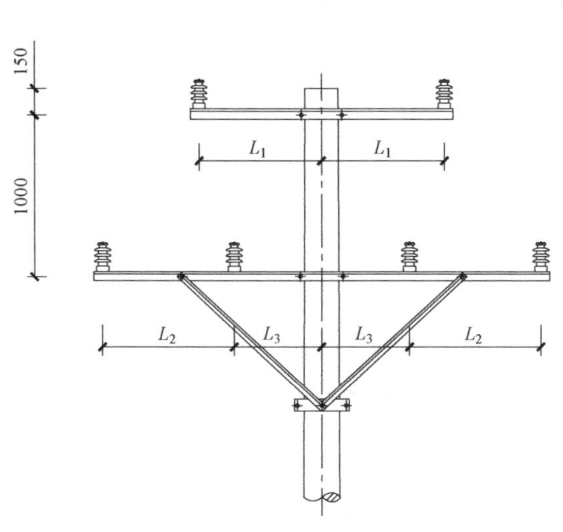

图 4-4　双回路三角排列直线杆杆头示意图

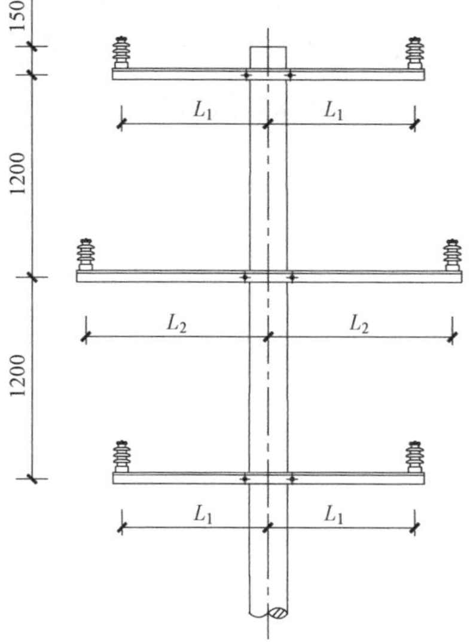

图 4-5　双回路垂直（鼓型）排列直线杆杆头示意图

表 4-4　海拔 3000m 及以下地区 10kV 双回路三角排列直线杆横担选型表（梢径 430mm 及以下电杆）

线型	横担使用档距	横担名称	尺寸/mm			240mm² 及以下导线截面	
			L_1	L_2	L_3	主材规格/(mm×mm)	长度/mm
绝缘线	80m 及以下	上横担	900	750	550	∠80×8	1900
		下横担				∠80×8	2700（加斜撑）
裸导线	60m 及以下	上横担	900	800	550	∠80×8	1900
		下横担				∠80×8	2800（加斜撑）
	60～80m	上横担	900	1000	550	∠80×8	1900
		下横担				∠80×8	3200（加斜撑）

表 4-5　海拔 3000m 及以下地区 10kV 双回路垂直（鼓型）排列直线杆横担选型表（梢径 430mm 及以下电杆）

线型	横担使用档距	横担名称	尺寸/mm		240mm² 及以下导线截面	
			L_1	L_2	主材规格/(mm×mm)	长度/mm
绝缘线	80m 及以下	上、下横担	800	900	L80×8	1700
裸导线		中横担				1900

6. 双回路混合排列直线杆

双回路混合排列直线杆杆头示意图如图 4-6 所示。表 4-6 为海拔 3000m 及以下地区 10kV 双回路混合排列直线杆横担选型表。

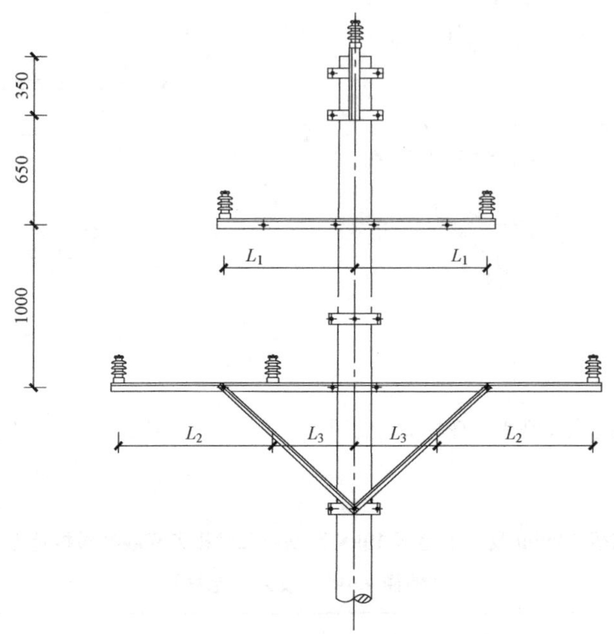

图 4-6 双回路混合排列直线杆杆头示意图

表 4-6 海拔 3000m 及以下地区 10kV 双回路混合排列直线杆横担选型表
（梢径 430mm 及以下电杆）

线型	横担使用档距	横担名称	尺寸/mm			240mm² 及以下导线截面	
			L_1	L_2	L_3	主材规格/(mm×mm)	长度/mm
绝缘线	80m 及以下	上横担	800	1000	550	∠80×8	1700
		下横担				∠80×8	3200（加斜撑）
裸导线	80m 及以下	上横担	800	1000	550	∠80×8	1700
		下横担				∠80×8	3200（加斜撑）

4.1.2 直线耐张杆（0°～15°）排列方式

1. 单回路水平排列直线耐张杆

单回路水平排列直线耐张杆杆头示意图如图 4-7 所示。表 4-7 为海拔 3000m 及以下地区 10kV 单回路水平排列直线耐张杆横担选型表。

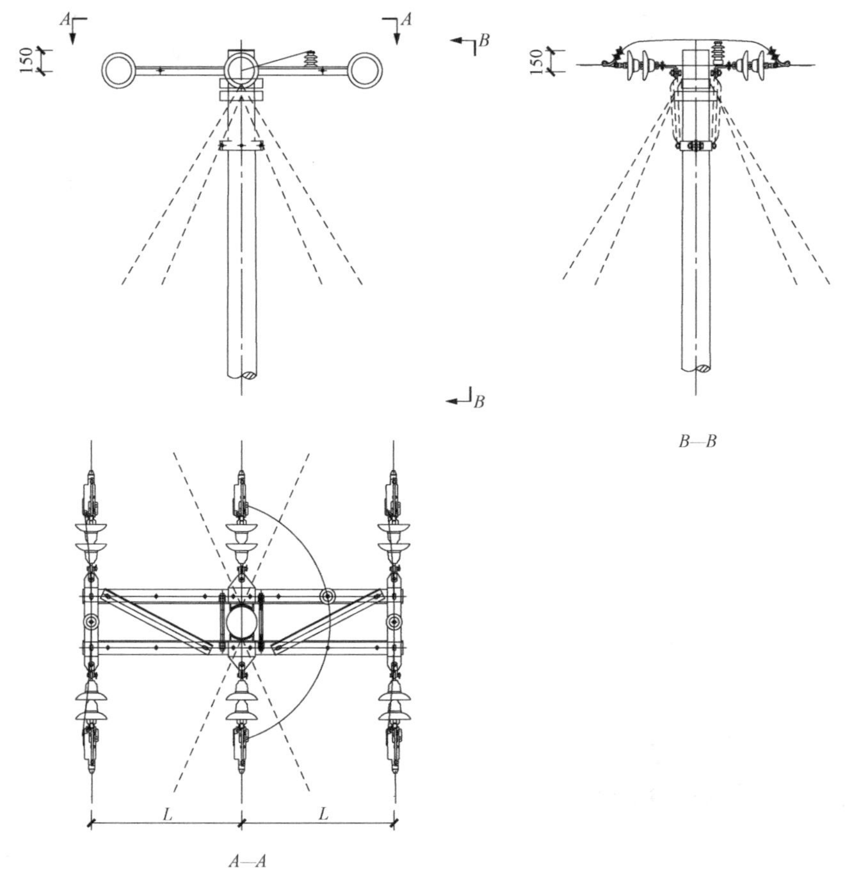

图 4-7 单回路水平排列直线耐张杆杆头示意图

表 4-7 海拔 3000m 及以下地区 10kV 单回路水平排列直线耐张杆横担选型表（梢径 430mm 及以下电杆）

线型	横担使用档距	尺寸/mm	240mm² 及以下导线截面	
		L	主材规格/(mm×mm)	长度/mm
绝缘线	80m 及以下	800	∠80×8	1700
裸导线	60m 及以下	900	∠80×8	1900
	60～80m	1000	∠80×8	2100

2. 单回路三角排列直线耐张杆

单回路三角排列直线耐张单杆杆头示意图如图 4-8 所示。表 4-8 为海拔 3000m 及以下地区 10kV 单回路三角排列直线耐张杆横担选型表。

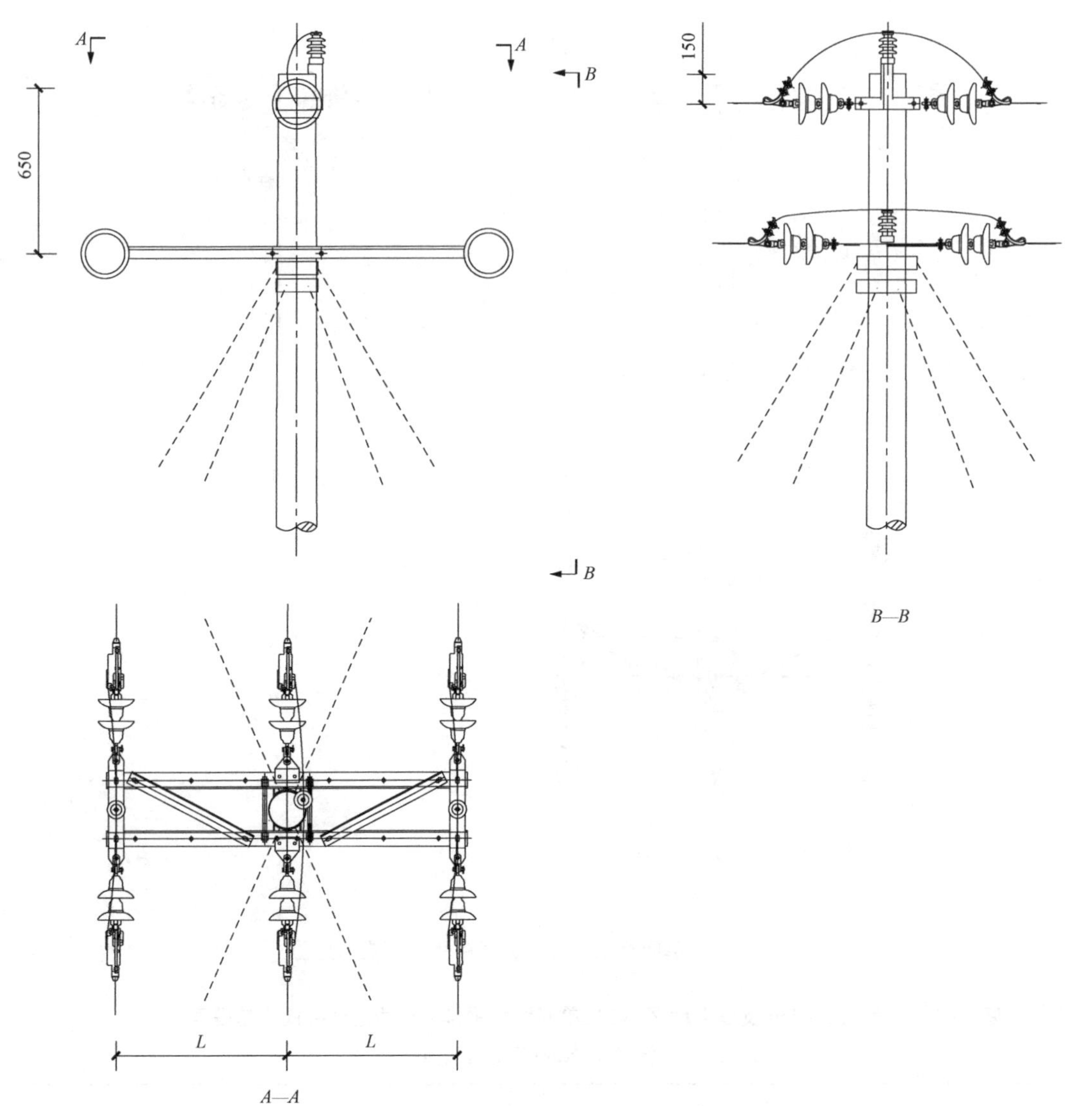

图 4-8 单回路三角排列直线耐张单杆杆头示意图

说明：0°～15°转角采用一副耐张顶架。

表 4-8 海拔 3000m 及以下地区 10kV 单回路三角排列直线耐张杆横担选型表（梢径 430mm 及以下电杆）

线型	横担使用档距	尺寸/mm	240mm² 及以下导线截面	
		L	主材规格/(mm×mm)	横担长度/mm
绝缘线	80m 及以下	800	∠80×8	1700
裸导线	80m 及以下	800	∠80×8	1700
	80～100m	1000	∠80×8	2100

3. 双回路三角排列直线耐张杆

双回路三角排列直线耐张杆杆头示意图如图 4 - 9 所示。表 4 - 9 为海拔 3000m 及以下地区 10kV 双回路三角排列直线耐张杆横担选型表。

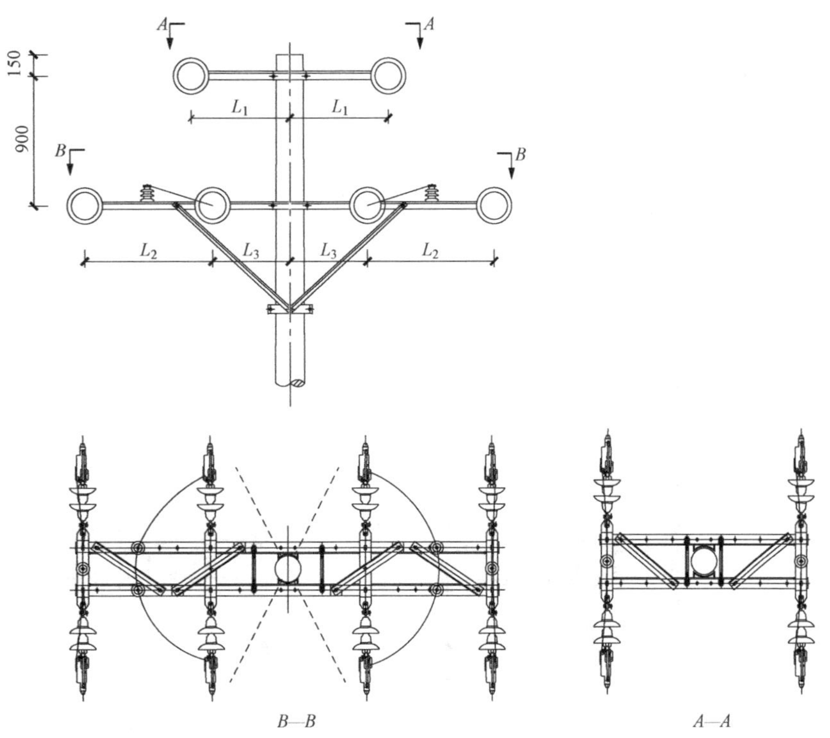

图 4 - 9 双回路三角排列直线耐张杆杆头示意图

表 4 - 9 海拔 3000m 及以下地区 10kV 双回路三角排列直线耐张杆横担选型表

（梢径 430mm 及以下电杆）

线型	横担使用档距	横担名称	尺寸/mm			240mm² 及以下导线截面	
			L_1	L_2	L_3	主材规格/(mm×mm)	长度/mm
绝缘线	80m 及以下	上横担	900	750	550	∠80×8	1900
		下横担				∠80×8	2700（加斜撑）
裸导线	60m 及以下	上横担	900	800	550	∠80×8	1900
		下横担				∠80×8	2800（加斜撑）
	60～80m	上横担	900	1000	550	∠80×8	1900
		下横担				∠80×8	3200（加斜撑）

4. 双回路垂直（鼓型）排列直线耐张杆

双回路垂直排列（鼓型）直线耐张杆杆头示意图如图 4 - 10 所示。表 4 - 10 为海拔

3000m 及以下地区 10kV 双回路垂直（鼓型）排列直线耐张杆横担选型表。

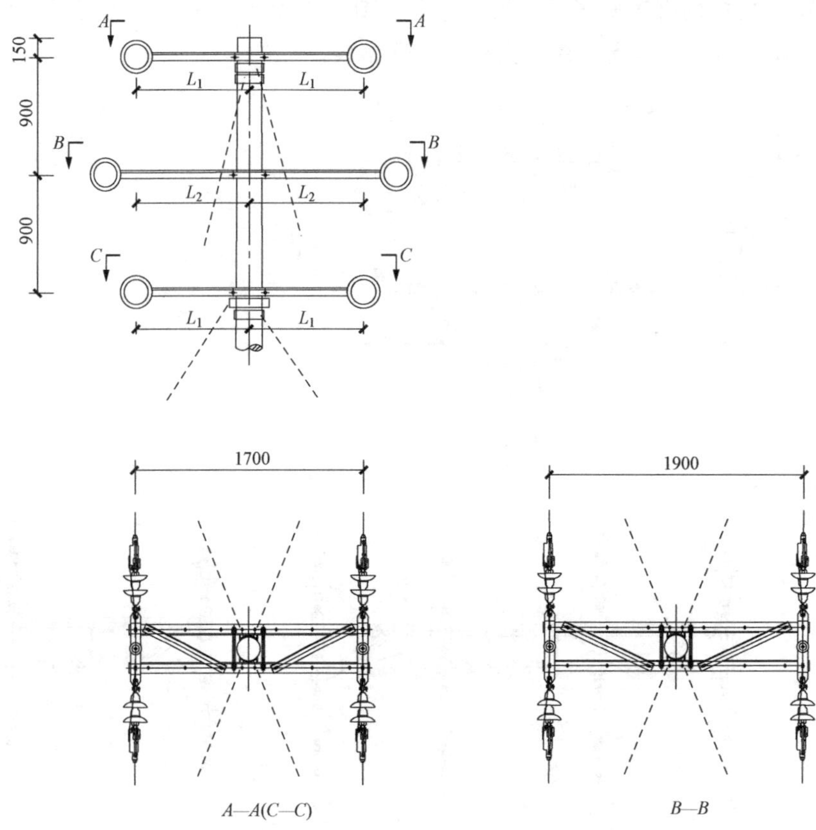

图 4-10　双回路垂直排列（鼓型）直线耐张杆杆头示意图

表 4-10　海拔 3000m 及以下地区 10kV 双回路三角排列直线耐张杆横担选型表（梢径 430mm 及以下电杆）

线型	横担使用档距	横担名称	尺寸/mm		240mm² 及以下导线截面	
			L_1	L_2	主材规格/(mm×mm)	长度/mm
绝缘线	80m 及以下	上、下横担	800	900	L80×8	1700
裸导线		中横担				1900

4.1.3　转角杆排列方式

1. 单回路水平排列 15°～45°转角杆

单回路水平排列 15°～45°耐张转角杆杆头示意图如图 4-11 所示。表 4-11 为海拔 3000m 及以下地区 10kV 单回路水平排列 15°～45°耐张转角杆横担选型表。

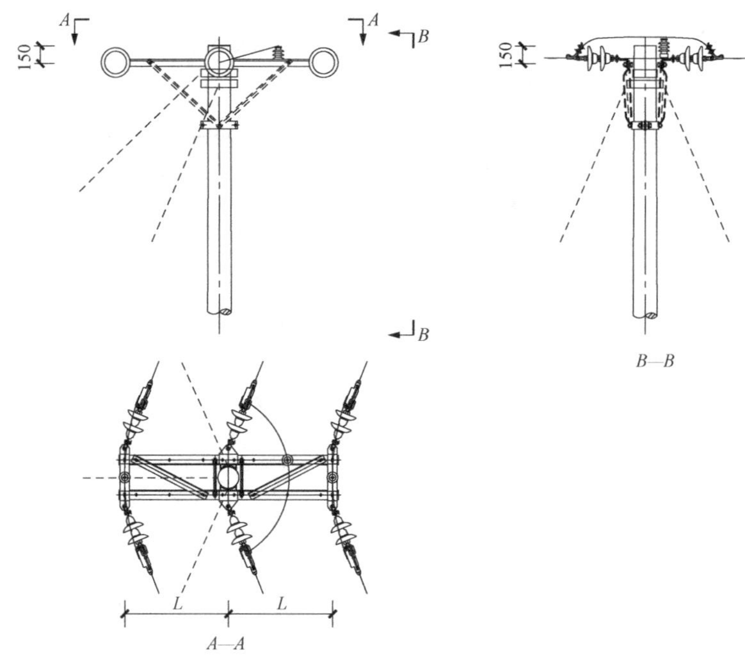

图 4 - 11　单回路水平排列 15°～45°耐张转角杆杆头示意图

表 4 - 11　海拔 3000m 及以下地区 10kV 单回路水平排列 15°～45°耐张转角杆横担选型表（梢径 430mm 及以下电杆）

线型	横担使用档距	尺寸/mm	240mm² 及以下导线截面	
		L	主材规格/(mm×mm)	长度/mm
绝缘线	80m 及以下	900	∠80×8	1900
裸导线	60m 及以下	1000	∠75×8	2100（加斜撑）
	60～80mm	1200	∠75×8	2500（加斜撑）

2. 单回路三角排列 15°～45°转角杆

单回路三角排列 15°～45°耐张转角杆杆头示意图如图 4 - 12 所示。表 4 - 12 为海拔 3000m 及以下地区 10kV 单回路三角排列 15°～45°耐张转角杆横担选型表。

表 4 - 12　海拔 3000m 及以下地区 10kV 单回路三角排列 15°～45°耐张转角杆横担选型表（梢径 430mm 及以下电杆）

线型	横担使用档距	尺寸/mm	240mm² 及以下导线截面	
		L	主材规格/(mm×mm)	长度/mm
绝缘线	80m 及以下	900	∠80×8	1900
裸导线	80m 及以下	900	∠80×8	1900
	80～100mm	1200	∠75×8	2500（加斜撑）

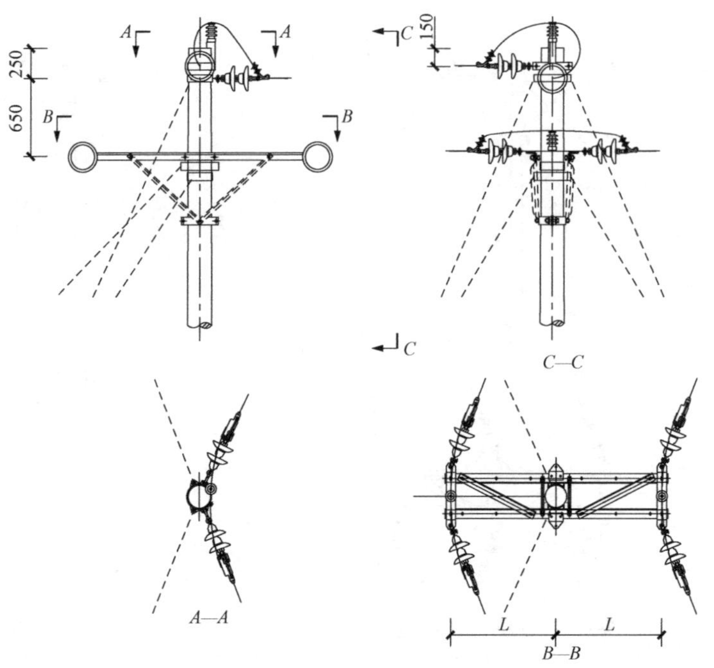

图 4-12　单回路三角排列 15°～45°耐张转角杆杆头示意图

说明：15°～45°转角采用两副耐张顶架。

3. 双回路三角排列 15°～45°转角杆

双回路三角排列 15°～45°耐张转角杆杆头示意图如图 4-13 所示。表 4-13 为海拔 3000m 及以下地区 10kV 双回路三角排列 15°～45°耐张转角杆横担选型表。

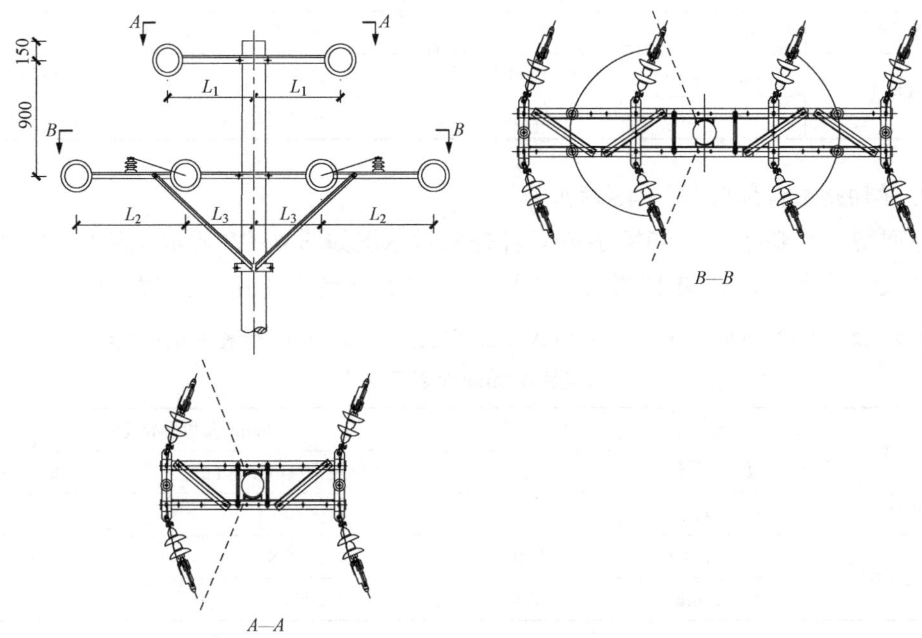

图 4-13　双回路三角排列 15°～45°耐张转角杆杆头示意图

表 4-13　海拔 3000m 及以下地区 10kV 双回路三角排列 15°～45°耐张转角杆横担选型表（梢径 430mm 及以下电杆）

线型	横担使用档距	横担名称	尺寸/mm			240mm² 及以下导线截面	
			L_1	L_2	L_3	主材规格/(mm×mm)	长度/mm
绝缘线	80m 及以下	上横担	900	800	550	∠80×8	1900
		下横担				∠80×8	2800（加斜撑）
裸导线	60m 及以下	上横担	900	900	550	∠80×8	1900
		下横担				∠80×8	3000（加斜撑）
	60～80m	上横担	900	1100	550	∠80×8	1900
		下横担				∠80×8	3400（加斜撑）

4. 双回路垂直（鼓型）排列 15°～45°转角杆

双回路垂直排列 15°～45°耐张转角杆杆头示意图如图 4-14 所示。表 4-14 为海拔 3000m 及以下地区 10kV 双回路垂直（鼓型）排列 15°～45°耐张转角杆横担选型表。

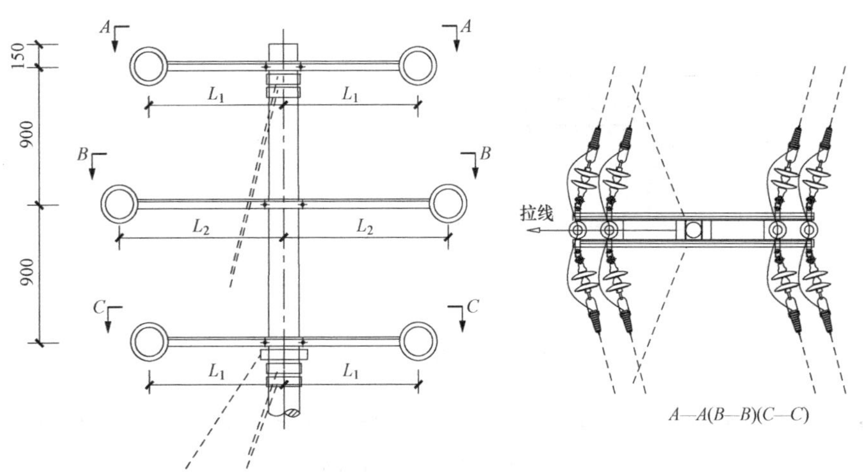

图 4-14　双回路垂直排列 15°～45°耐张转角杆杆头示意图

表 4-14　海拔 3000m 及以下地区 10kV 双回路垂直（鼓型）排列 15°～45°耐张转角杆横担选型表（梢径 430mm 及以下电杆）

线型	横担使用档距	横担名称	尺寸/mm		240mm² 及以下导线截面	
			L_1	L_2	主材规格/(mm×mm)	长度/mm
绝缘线	80m 及以下	上、下横担	800	900	L80×8	1700
裸导线		中横担				1900

5. 单回路水平排列 45°～90°转角杆

单回路水平排列 45°～90°耐张转角杆杆头示意图如图 4-15 所示。表 4-15 为海拔

3000m 及以下地区 10kV 单回路水平排列 45°～90°耐张转角杆横担选型表。

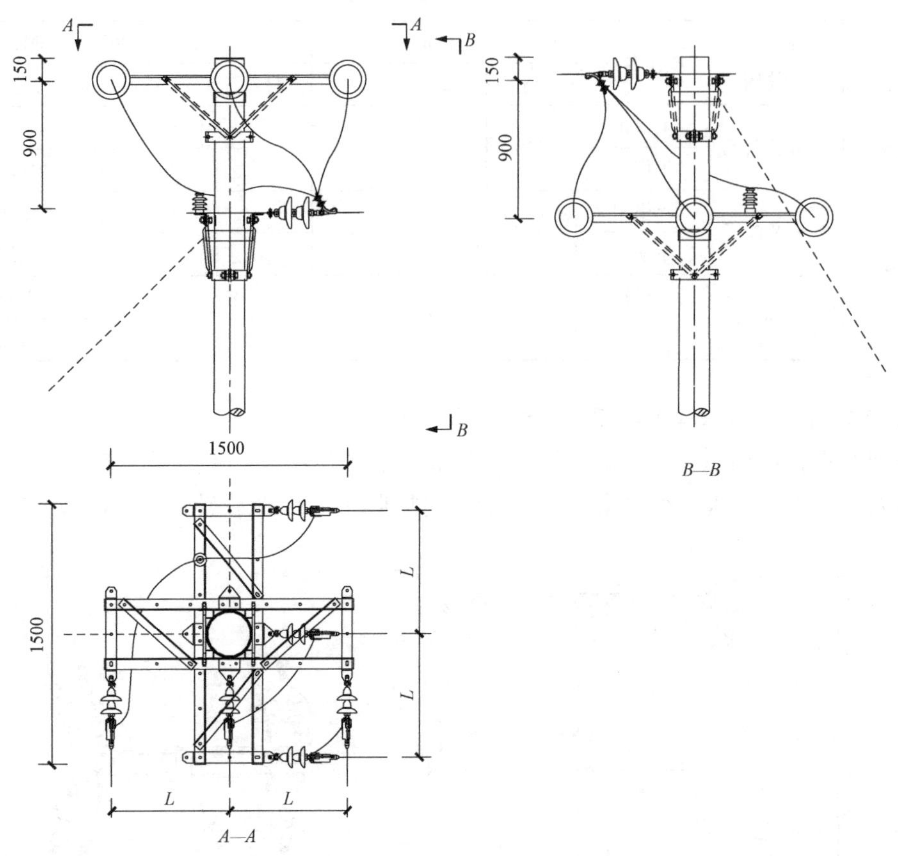

图 4-15　单回路水平排列 45°～90°耐张转角杆杆头示意图

表 4-15　海拔 3000m 及以下地区 10kV 单回路水平排列 45°～90°耐张转角杆横担选型表（梢径 430mm 及以下电杆）

线型	横担使用档距	尺寸/mm	240mm² 及以下导线截面	
		L	主材规格/(mm×mm)	长度/mm
绝缘线	80m 及以下	800	∠80×8	1900
裸导线	60m 及以下	900	∠80×8	1900
	60～80m	1000	∠80×8	2100

6. 单回路垂直排列 45°～90°转角杆

单回路垂直排列 45°～90°耐张转角单杆杆头示意图如图 4-16 所示。

7. 双回路三角排列 45°～90°耐张钢管杆

双回路三角排列 45°～90°耐张钢管杆杆头示意图如图 4-17 所示。表 4-16 为海拔 3000m 及以下地区 10kV 横担选型表。

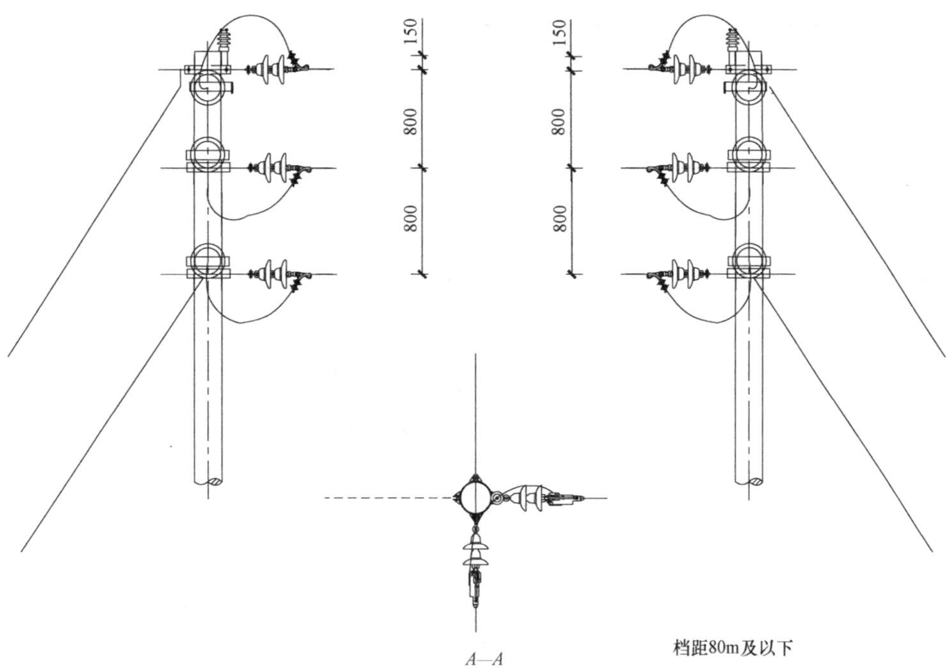

图 4-16　单回路垂直排列 45°～90°耐张转角单杆杆头示意图

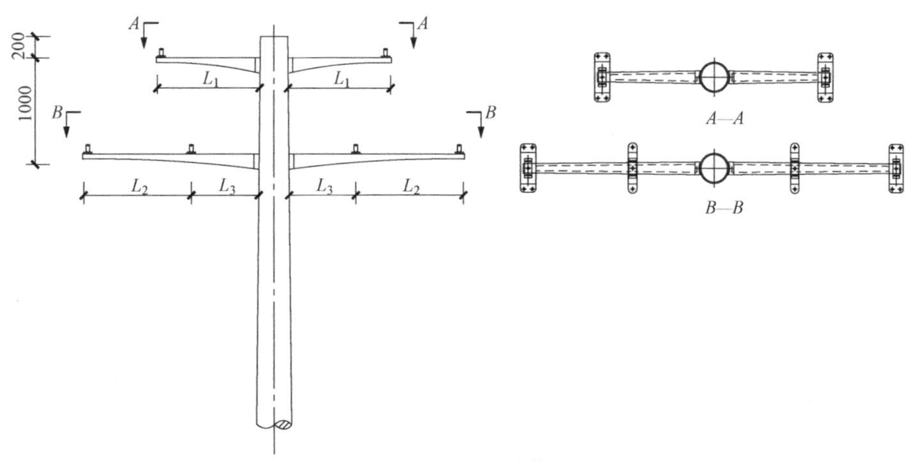

图 4-17　双回路三角排列 45°～90°耐张钢管杆杆头示意图

表 4-16　海拔 3000m 及以下地区 10kV 双回路三角排列 45°～90°耐张钢管杆横担选型表

线型	转角度数	横担 使用档距	横担名称	尺寸/mm		
				L_1	L_2	L_3
绝缘线	90°及以下	80m 及以下	上横担	900	1150	650
			下横担			

续表

线型	转角度数	横担使用档距	横担名称	尺寸/mm		
				L_1	L_2	L_3
裸导线	45°～90°	60m及以下	上横担	1000	1300	600
			下横担			
		60～80m	上横担	1350	1600	600
			下横担			

8. 双回路垂直排列45°～90°耐张钢管杆

双回路垂直排列45°～90°耐张钢管杆杆头示意图如图4-18所示。表4-17为海拔3000m及以下地区10kV双回路垂直排列45°～90°耐张钢管杆横担选型表。

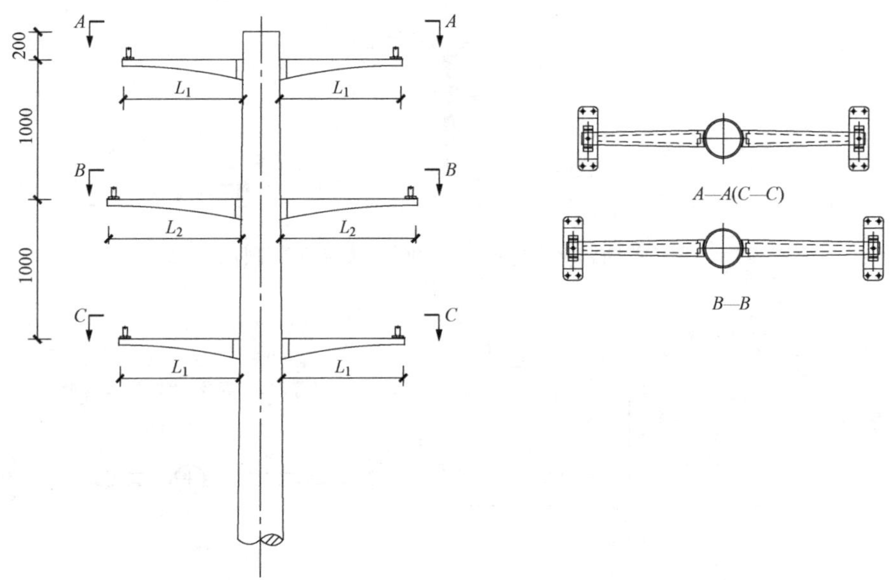

图4-18 双回路垂直排列45°～90°耐张钢管杆杆头示意图

表4-17 海拔3000m及以下地区10kV双回路垂直排列45°～90°耐张钢管杆横担选型表

线型	转角度数	横担使用档距	横担名称	尺寸/mm	
				L_1	L_2
绝缘线	90°及以下	80m及以下	上、下横担	900	1000
			中横担		
裸导线	45°～90°	60m及以下	上、下横担	1000	1100
			中横担		
		60～80m	上、下横担	1350	1450
			中横担		

4.1.4 终端杆排列方式

1. 单回路水平排列终端杆

单回路水平排列终端杆杆头示意图如图4-19所示。表4-18为海拔3000m及以下地区10kV单回路水平排列终端杆横担选型表。

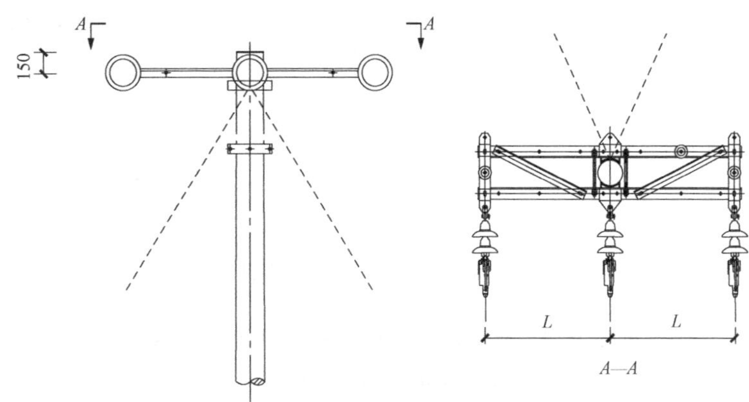

图4-19 单回路水平排列终端杆杆头示意图

表4-18 海拔3000m及以下地区10kV单回路水平排列终端杆横担选型表（梢径430mm及以下电杆）

线型	横担使用档距	尺寸/mm	240mm² 及以下导线截面	
		L	主材规格/(mm×mm)	长度/mm
绝缘线	60m及以下	800	∠80×8	1700
裸导线	60m及以下	900	∠80×8	1900
	60～80m	1000	∠80×8	2100

2. 单回路三角排列终端杆

单回路三角排列终端杆杆杆头示意图如图4-20所示。表4-19为海拔3000m及以下地区10kV单回路三角排列终端杆横担选型表。

3. 双回路垂直（鼓型）排列终端杆

双回路垂直排列（鼓型）终端杆杆头示意图如图4-21所示。表4-20为海拔3000m及以下地区10kV双回路垂直（鼓型）排列终端杆横担选型表。

4. 双回路三角排列终端杆

双回路三角排列终端杆杆头示意图如图4-22所示。表4-21为海拔3000m及以下地区10kV双回路三角排列终端杆横担选型表。

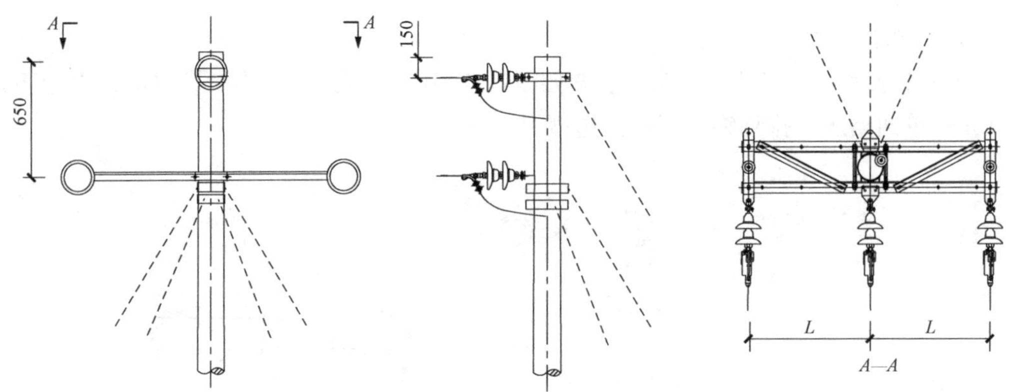

图 4-20 单回路三角排列终端单杆杆头示意图

表 4-19 海拔 3000m 及以下地区 10kV 单回路三角排列终端杆横担选型表（梢径 430mm 及以下电杆）

线型	横担使用档距	尺寸/mm	240mm² 及以下导线截面	
		L	主材规格/(mm×mm)	长度/mm
绝缘线	80m 及以下	800	∠80×8	1700
裸导线	80m 及以下	800	∠80×8	1700
	80～100m	1000	∠80×8	2100

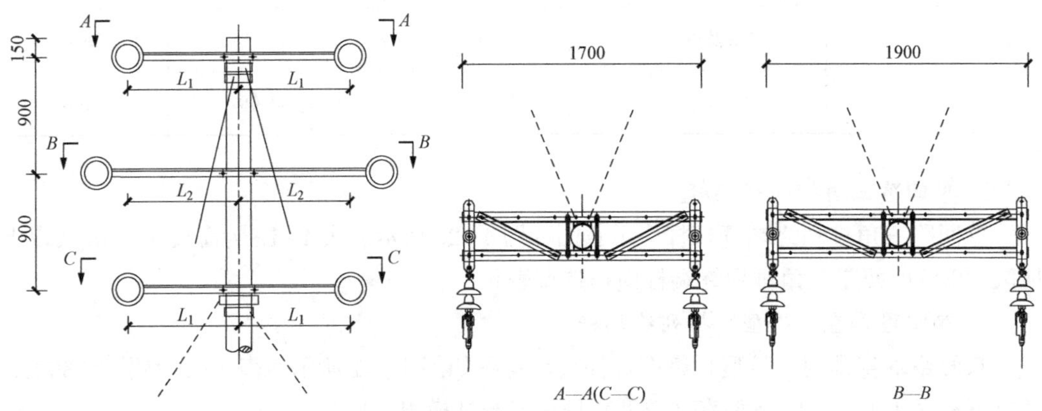

图 4-21 双回路垂直（鼓型）排列终端杆杆头示意图

表4-20 海拔3000m及以下地区10kV双回路垂直（鼓型）排列终端杆横担选型表（梢径430mm及以下电杆）

线型	横担使用档距	横担名称	尺寸/mm		240mm²及以下导线截面	
			L_1	L_2	主材规格/(mm×mm)	长度/mm
绝缘线	80m及以下	上、下横担	800	900	L80×8	1700
裸导线		中横担				1900

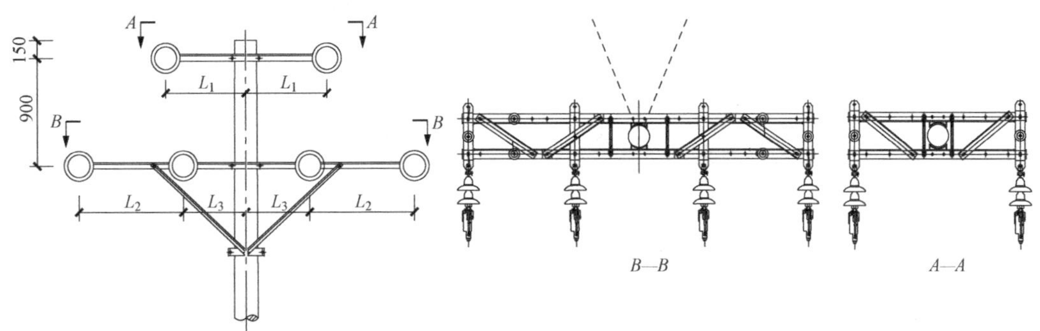

图4-22　双回路三角排列终端杆杆头示意图

表4-21　海拔3000m及以下地区10kV双回路三角排列终端杆横担选型表（梢径430mm及以下电杆）

线型	横担使用档距	横担名称	尺寸/mm			240mm²及以下导线截面	
			L_1	L_2	L_3	主材规格/(mm×mm)	长度/mm
绝缘线	80m及以下	上横担	900	750	550	∠80×8	1900
		下横担				∠80×8	2700（加斜撑）
裸导线	60m及以下	上横担	900	800	550	∠80×8	1900
		下横担				∠80×8	2800（加斜撑）
	60～80m	上横担	900	1000	550	∠80×8	1900
		下横担				∠80×8	3200（加斜撑）

4.1.5　分支杆优化方案

分支杆优化方案如图4-23所示。

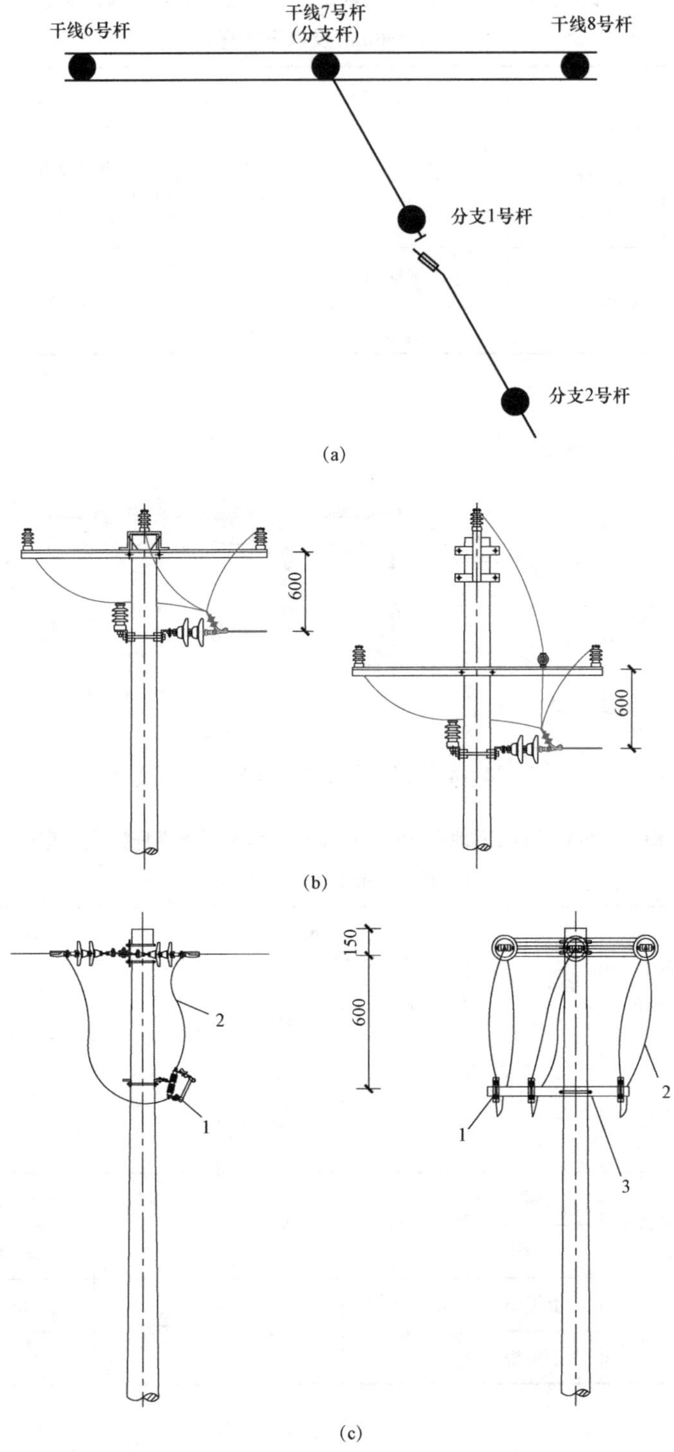

图 4-23 分支杆优化方案

(a) 分支杆；(b) 单回路干线分支杆（干线 7 号杆）；(c) 分支线 1 号杆

4.2 架空配电线路不停电作业友好型设计实例

下面以某供电公司一段10kV高压配电线路为实例，分别详细介绍按照《配电网通用工程设计　线路部分》和按照架空配电线路不停电作业友好型设计的架空配电线路设计方案、适应配电网不停电作业分析，以及经济技术指标分析。

4.2.1 传统设计案例及不停电作业分析

1. 杆位路径（地形特点）

如图4-24所示，某镇区110kV变电站出站的同杆架设双回路10kV线路，分别是10kV S1线与10kV S2线，两条线路均采用常规的多分段单联络供电方式。

干线1～23号杆位于城镇工业开发区，1～10号杆、14～20号杆电杆沿着单行道小路架设，可满足不停电作业工作；10～11号跨过河流，11～14号杆沿河边绿化带架设，该区域无法通行不停电作业车，无法满足不停电作业；21～23号位于绿化林内，不停电作业车无法到达，无法满足不停电作业工作；23～25号杆跨越过道，24号杆位于国道中心绿化带，23号、25号杆位于国道两边辅路边，可满足不停电作业工作。10kV S1线干线20号杆支出支线、10kV S2线干线4号杆支出支线均沿着道路架设，可满足不停电作业。干线26～51号杆位于乡镇新农村居民区，26～27号杆位于绿化带内不停电作业车无法到达，因此无法开展不停电作业，其余架设线路沿着居民区通行主干道架设，基本可满足不停电作业，其中40～45号沿着河边道路架设，也可到达不停电作业车。10kV S2线干线36号杆支出支线位于农业活动地区，大部分电杆位于农田和经济作业林中，不停电作业车无法到达，不满足不停电作业工作。

2. 杆头结构

同杆架设的双回线路10kV S1线与10kV S2线，干线双回路直线杆及耐张杆采用双垂直杆头排列方式水泥杆，双回路小转角0°～45°转角杆39号采用双垂直杆头排列方式水泥杆，双回路大转角45°～90°转角杆干线11号、14号、20号、23号、37号、45号采用双垂直排列方式钢管杆，单回路支线直线杆、耐张杆及终端杆采用三角排列方式，单回路小转角0°～45°转角杆采用三角形排列水泥杆，单回路大转角45°～90°转角杆采用三角形排列水泥杆。

水泥杆杆头空间局促，不利于不停电作业。单回路45°～90°转角杆采用三角形排列，分两层横担，拉线对装置作业的影响比较大。

3. 设备接入

同杆架设的双回线路10kV S1线与10kV S2线干线1～51号为案例，双回路线路中由于部分线路无法到达不停电作业车及发电车等设备，无法满足设备接入，其余大部分线路基本位于路旁，可以满足设备接入。单回路线路除部分位于路旁外，大部分位于农田和经济作业林中，无法满足设备接入。

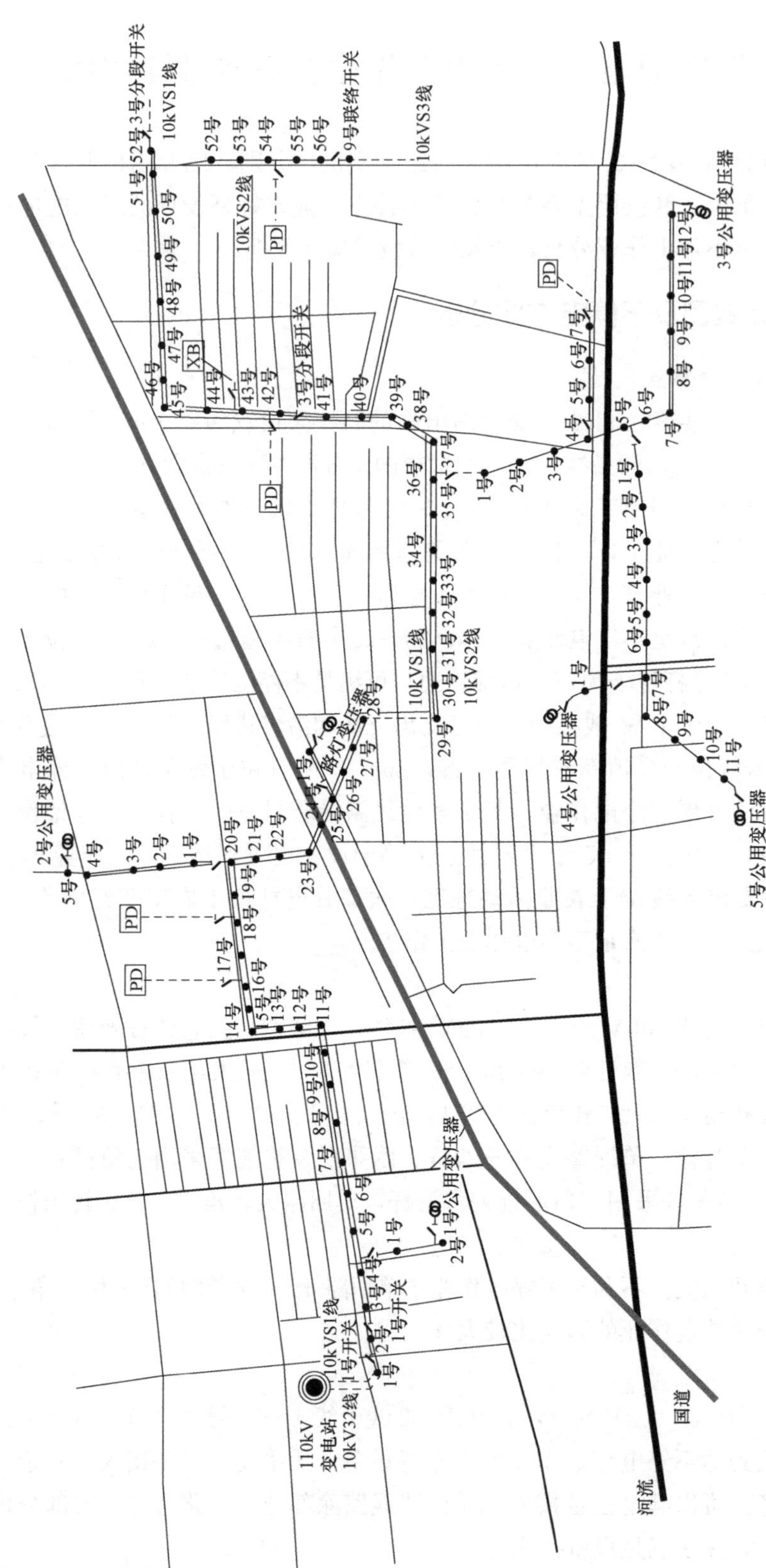

图 4-24　同杆架设的双回线路 10kV S1 线与 10kV S2 线干线

4. 工程规模

以同杆架设的双回线路 10kV S1 线与 10kV S2 线干线 1～51 号为案例工程（图 4-24），该工程涉及双回路线路 49 档约 2450m 架空导线，电缆 150m，其中水泥杆 45 基，钢管杆 6 基；单回路线路 33 档约 1650m 架空导线，电缆 350m，其中水泥杆 34 基。

4.2.2 架空配电线路不停电作业友好型设计方案介绍

1. 杆位路径优化

杆位路径优化的目的是分析现场线路通道周围环境，对原有不利于或者无法开展不停电作业的杆位路径进行重新优化设计，使其能够方便开展不停电作业。原则上，需要将电杆架设在不停电作业车或者发电车能到达的位置，一般可以优先选择在能通行车辆的路边架设电杆。根据这一原则对 4.2.1 所述线路案例进行优化，优化结果如图 4-25 所示。

对 10kV S1 线与 10kV S2 线干线 7～14 号杆进行优化，其中 7～10 号杆沿镇区的主干公路架设，方便不停电作业车到达，11～13 号沿单行道架空也可满足不停电作业，13～14 号跨越河流。对原干线 14～28 号杆进行杆位优化，原 14～20 号保持不变，沿道路新建 21～26 号杆，26～28 号杆跨越过道，新建 27 号杆位于国道中间绿化带，新建 28～30 号沿国道旁的辅道架设，所有新建电杆杆位路径都可以满足不停电作业车到达，能够进行不停电作业工作。对 10kV S2 线干线 36 号杆支出支线进行杆位路径优化，该段线路由于位于农业作业区，大部分电杆无法进行不停电作业工作，因此根据几个公变的位置重新选择将支干线线路沿河边公路进行架设，跨河电杆选择在桥边公路旁，经过优化设计后电杆数量基本维持不变，所有电杆都可以满足不停电作业工作。

2. 杆头结构优化

杆头采用本书 4.1 节配电网不停电作业友好型架空配电线路杆头设计。同杆架设的双回线路 10kV S1 线与 10kV S2 线，干线双回路直线杆（见 4.1.1）及直线耐张杆（见 4.1.2）采用双垂直杆头排列方式水泥杆；双回路 15°～45°转角杆（42 号）采用 4.1.3 中双垂直杆头排列方式水泥杆；双回路 45°～90°转角杆（干线 7 号、10 号、25 号、28 号、29 号、40 号、45 号）仍然采用双垂直排列方式钢管杆。单回路支线直线杆、直线耐张杆及终端杆采用优化设计的三角排列方式；单回路 15°～45°转角杆采用优化设计的三角形排列水泥转角杆；单回路 45°～90°转角杆采用水平排列或垂直排列水泥转角杆。将原线路中的双回路架空干线及支干线上的分支杆分支开关、负荷开关及跌落式熔断器安装在分支线 1 号杆上，方便不停电作业工作。

3. 设备接入优化

原双回路线路中由于部分线路无法到达不停电作业车及发电车等设备，无法满足设备接入，通过对这部分线路的杆位路径进行优化，使其满足不停电作业车和发电车等设备能够到达电杆，因此优化后的线路双回路干线全线都可以接入设备，且干线的电杆增加了 3 基，也增加了干线上的设备接入点。原单回路线路除部分位于路旁外，大部分位于农田和经济作业林中，无法满足设备接入，现在优化后的电杆全部都架设在路边，不

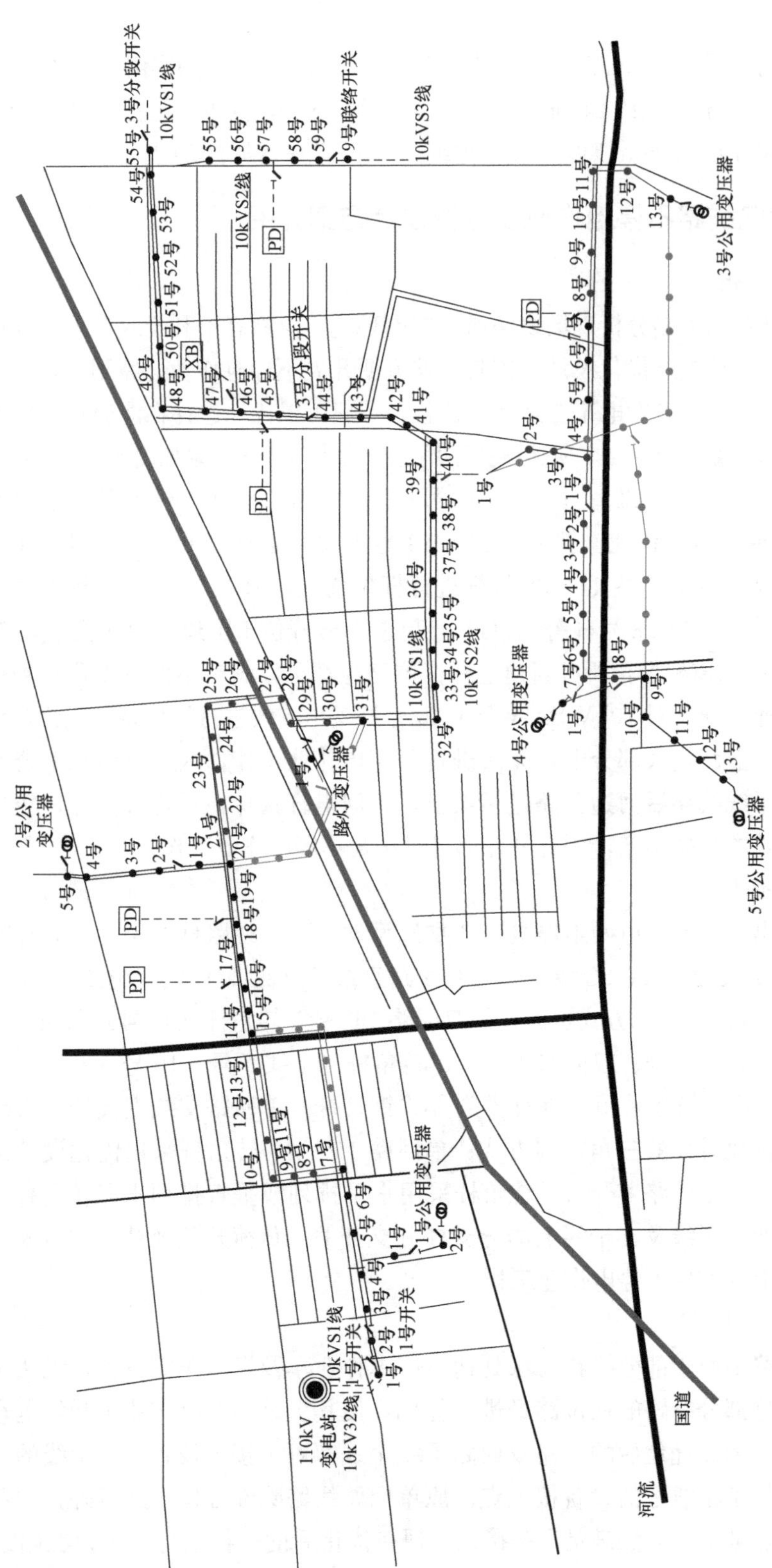

图 4-25　优化后的同杆架设的双回线路 10kV S1 线和 10kV S2 线干线

停电作业车和发电车基本上都可以到达电杆，可以顺利接入设备，且单回路线路的电杆也增加了3基，增加了单回路线路的设备接入点。

4. 工程优化后规模

以优化后的同杆架设的双回线路10kV S1线与10kV S2线干线1～54号为案例工程（图4-25），该工程涉及双回路线路52档约2600m架空导线，电缆150m，其中水泥杆47基，钢管杆7基；单回路线路36档约1800m架空导线，电缆350m，其中水泥杆37基。

4.2.3 架空配电线路不停电作业友好型设计技术经济分析

1. 两种设计方案线路运行安全性及可靠性分析比较

以同杆架设的双回线路10kV S1线与10kV S2线为案例，优化前双回路架空干线部分位于城市绿化带或河边车辆无法到达的绿化带内，一旦杆上装置出现故障，只能对干线进行停电检修，且一条线路出现故障，另一条同杆架设的高压线路也要陪停进行停电检修工作，这一部分线路的供电安全性和可靠性较弱，是线路运行中的薄弱点。优化前的单回路线路大部分位于农业活动区，电杆位于农田及经济作业林中，给线路运维带来一些弊端，遇到大风天气容易存在倒杆断线的风险，且不停电作业车无法到达，也无法接入发电车进行保电，一旦出现故障只能停止一级电源，供电可靠性较弱。停电检修时户数方面，案例中全线路共有11个高压客户，按10kV供电系统每年每户停电不超过3次，累计不超过24h为限，假设每年累计停电24h，则该段线路停电时户数为264。经过优化后，线路全线可满足不停电作业，所有电杆下方均可到达不停电作业车和发电车，真正实现了不停电检修，理论上可在该段线路中减少264时户数，极大提升供电可靠性。

2. 两种设计方案经济效益及社会效益分析比较

由于对杆头排列方式的改造只需更换杆上横担，横担投资占比一般在一档线路整体投资中低于5%，可以忽略不计。工程规模方面，优化后的全线增加了3档150m双回路线路，3档150m单回路线路，线路投资增长低于5%，在一般工程预算可控范围之内。因此，优化后的高压配电线路工程规模基本维持原状，投资增长不大。

经济效益方面，经过优化，线路每年减少264停电时户数，高压客户平均容量设为315kV·A，功率因数设为0.9，经过计算每年可为供电企业多销售74 844kW·h电，假如以0.5元1kW·h电为准，每年可为供电企业带来37 422元的售电收入。对于高压客户方面，每年可增加74 844kW·h电力消费，按1kW·h电创造20元GDP来计算，可为地方经济发展贡献约150万元的GDP，间接创造更多的就业机会，也带来可观的政府税收，提升了该区域的营商环境。且优化后的线路增加了高压客户电源接入点，随着后续更多高压客户的接入，这种经济效益增长会更加突出。

第5章 架空配电线路不停电作业友好型设计的未来发展

应用配电网不停电作业技术开展架空配电线路不停电作业，减少客户停电次数和停电时长，有效提高了供电可靠性，但由于目前架空配电线路不停电作业还依赖作业人员人工操作，作业人员劳动强度大、作业安全风险高且作业效率低下，以及受天气等因素制约，影响了架空配电线路不停电作业开展；另外由于传统的架空配电线路按照停电检修作业方式设计施工，也制约了架空配电线路不停电作业的开展。建设适应不停电作业友好型架空配电线路，更好服务经济社会发展。

架空配电线路全业务采用配电网不停电作业、全地形适应配电网不停电作业、全覆盖作业方法满足不停电作业是提高供电可靠性的有效手段，带电作业机器人等智能设备代替人工操作是配电网不停电作业未来发展方向。

5.1 配电网不停电作业技术覆盖传统的停电作业

电能从发明至今已经有几百年的历史，随着工业化进程的加快，电能成为工业时代的基础能源，突然停电给工业企业产生大量的工业废品，造成经济损失，既浪费原材料又降低效率。随着经济社会的快速发展和人民生活水平的不断改善，电能应用进一步融入经济社会发展和人民生活的方方面面，大到高铁动力，小到家庭生活，以电能为核心动力的能源体系正在逐步替代煤、气、油等一次能源，电能应用正在改变传统的生产、生活方式。同时科技发展推动大量用电设施走进工业企业和百姓生活，持续可靠的电能供应已成为经济社会高质量发展和人民追求美好生活的必需品，工业生产、家用电器、互联网、智能设备快速发展等，都离不开持续可靠的电能供应，应用电能已经从生活的点缀转变成高质量生活的标配，现代社会发展和人民生活已经离不开持续可靠的电能供应。

受架空配电线路检修技术装备等限制，架空配电线路传统的停电检修作业模式已经历经百余年，架空配电线路停电检修会中断客户正常的供电。架空配电线路点多面广、分布分散，绝缘水平低，长期受雷电、污秽、烈日、暴雨、异物等人为或自然现象侵袭，架空配电线路及其设施故障不断、停电频繁，再加上新客户接入线路以及架空配电线路杆位廊道受城市建设避让等影响，架空配电线路检修施工改造频繁，客户的正常生产生活供电得不到有效保障，无法满足客户对高可靠性供电的要求。

科技进步，特别是绝缘材料的快速发展，推动架空配电线路不停电作业发展；客户对高供电可靠性要求的提高，进一步加快推动架空配电线路停电作业向不停电作业发展。开展架空配电线路不停电作业，可以有效解决架空配电线路停电检修问题，消除架空配电线路停电检修给客户带来供电影响。采用架空配电线路不停电作业技术可以开展普通消缺及装拆附件（包括清除异物、扶正绝缘子、修补导线及调节导线弧垂、处理绝缘导线异响、拆除退役设备、更换拉线、拆除非承力拉线；加装接地环；加装或拆除接触设备套管、故障指示器、驱鸟器等）、带电更换避雷器、带电更换熔断器、带电断引流线（包括熔断器上引线、分支线路引线、耐张杆引流线）、带电接引流线（包括熔断器上引线、分支线路引线、耐张杆引流线）、带电辅助加装或拆除绝缘遮蔽、带电更换直线杆绝缘子、带电更换直线杆绝缘子及横担、带电更换耐张杆绝缘子串、带电更换耐张绝缘子串及横担、带电更换柱上开关或隔离开关、带电组立或撤除直线电杆、带电更换直线电杆、带电直线杆改终端杆、带负荷更换熔断器、带负荷更换导线非承力线夹、带负荷更换柱上开关或隔离开关、带负荷直线杆改耐张杆、带电断空载电缆线路与架空线路连接引线、带电接空载电缆线路与架空线路连接引线、带负荷直线杆改耐张杆并加装柱上开关或隔离开关、不停电更换柱上变压器、旁路作业检修架空线路、旁路作业检修电缆线路、旁路作业检修环网箱、从环网箱（架空线路）等设备临时取电给环网箱、移动箱变压器供电等，基本实现客户端的少停电或不停电，有效提高了供电可靠性。

随着配电网运检业务需求的不断增加和架空配电线路停电难度的加大，配电网不停电作业技术应用持续深化，配电网不停电作业技术应用已经覆盖架空配电线路运检全业务。配电网不停电作业技术应用已经从配电网业扩接电的单一应用向配电网不停电常态化检修等全业务应用拓展、从配电网简单的消缺和故障临时处理应用向安装或更换架空配电线路设备等多方位应用迈进、从开展单一的作业项目应用向综合检修和复杂工程应用深化，采用配电网不停电作业技术实现“五个零”：服务业扩接电“零等待”、融入配电网运维检修消缺“零停电”、破解配电网建设停电“零投诉”、服务政府重点工程“零延期”、服务重要民生工程“零延时”。

未来配电网不停电作业将是单一作业项目与综合作业项目混合应用、简单作业项目与复杂作业项目交织在一起应用，适应配电网不停电作业的架空配电线路应充分满足开展配电网不停电作业条件，从源头控制并逐步减少停电作业，才能最大限度地减少停电提高供电可靠性，提高客户满意度，适应经济社会高质量发展和人民对高品质生活质量的追求。

5.2 传统架空配电线路的缺点

不停电作业已经发展成为开展架空配电线路检修作业方式的首选，也是架空配电线路设计应该重点考虑的问题。目前架空配电线路不停电作业应用于架空配电线路的业扩接电、检修消缺、故障抢修、快速复电、设备安装更换等作业项目，仅十余年时间，已经构建了架空配电线路不停电作业的发展框架；架空配电线路不停电作业工器具的研发也紧跟架空配电线路不停电作业的应用不断推向深入，随着架空配电线路不停电作业常态化深度融入架空配电线路全业务作业、应用于解决架空配电线路建设施工等停电或配合停电，架空配电线路停电检修将逐步淡出，架空配电线路停电将逐步成为历史。

随着配电网不停电作业技术应用深入，基于停电检修方式设计的架空配电线路在采用配电网不停电作业技术应用时遇到很大的不适应性。

多年的架空配电线路不停电作业实践证明，基于传统停电检修设计的架空配电线路并不能完全适应架空配电线路不停电作业。架空配电线路设备布置紧密，线路空间狭小，部分按照传统停电检修设计的架空配电线路因网架结构、杆位路径、杆头布置方式、设备接入方式、防雷设施及辅助设施等原因，导致开展架空配电线路带电作业的作业空间狭小，无法开展架空配电线路带电作业或无法保障作业人身安全，直接影响架空配电线路不停电作业的覆盖率，制约了架空配电线路不停电检修的开展，难以从源头解决架空配电线路停电检修的问题。

架空配电线路不停电作业友好型设计不仅从源头消除制约开展架空配电线路不停电作业的网架结构、杆位路径、杆头布置方式、设备接入方式、防雷设施及辅助设施等不利因素，适应架空配电线路不停电作业友好型设计是提高架空配电线路不停电作业全作业方法、全作业项目、运检业务全覆盖率的重大举措，是提升架空配电线路不停电作业全业务、全地形、全作业方法的关键。基于架空配电线路不停电作业友好型设计的架空配电线路，在配电网架结构、杆位路径、杆头布置方式、架空配电线路设备安装及防雷措施等方面，综合考虑建成的架空配电线路能够适应配电不停电作业开展，满足架空配电线路全业务、全地形、全作业方法开展不停电作业，更是为适应架空配电线路带电作业机器人开展不停电作业消除架空配电线路结构缺陷，为今后采用架空配电线路带电作业机器人开展不停电作业奠定基础。

5.3　配电网不停电作业的制约要素

除架空配电线路的“网架结构、杆位路径、杆头布置方式、设备接入方式、防雷设施及辅助设施等”因素制约架空配电线路不停电作业开展外，天气条件、人为作业安全风险亦制约配电网不停电作业开展，雷电天气会产生大气过电压影响作业人身安全，雪、雹、雨、雾等天气降低绝缘工具的绝缘性能影响作业安全，作业人员情绪、精神状态和技能操作水平等因素可能存在人为差错，影响配电网不停电作业过程安全。

1. 架空配电线路不停电作业受天气因素制约

《电力安全工作规程　电力线路部分》(GB 26859—2011) 指出，架空配电线路带电作业：“带电作业应在良好天气下进行。如遇雷电、雪、雹、雨、雾等，不应进行不停电作业。风力大于5级，或湿度大于80%时，不宜进行带电作业。”由作业人员实施的架空配电线路不停电作业受天气因素等制约，不能全天候开展架空配电线路不停电作业。架空配电线路设备紧急缺陷、故障抢修等受天气条件影响难以及时开展作业，影响客户供电质量和供电可靠性。采用架空配电线路带电作业机器人、智能机器人等高科技机械设备开展架空配电线路不停电作业，受天气因素的影响较小，相比采用人工作业，采用带电作业机器人、智能机器人等高科技机械设备可以增加更多的配电线路不停电作业时间和作业应用。

2. 架空配电线路不停电作业存在人为作业安全风险

配电网不停电作业是提高供电可靠性的直接手段，可以最大程度减少停电时间，提升供电可靠性，但是配电网不停电作业具有一定危险性，劳动强度高，对作业人员需要专业的技能要求。目前不停电作业主要是人工操作，亟需通过采用机器人技术使操作人员远离危险环境，保障作业人员安全，减轻劳动强度，提高工作效率。

配电网不停电作业安全受作业人员情绪、精神状态和技能操作水平等多方因素干扰，存在操作步骤漏项、选择性操作、绝缘遮蔽顺序错误、绝缘遮蔽缺失、绝缘遮蔽重合不满足安全要求等诸多人为因素影响作业安全的风险点，配电网不停电作业过程安全存在不确定性。目前架空配电线路不停电作业主要依赖作业人员去实施，人的思维活跃、情绪复杂，人的动作行为受个人情绪、精神状态、技术技能操作水平等多因素影响，作业过程存在较大不确定性，作业安全风险始终与作业过程并存。

不论采用何种作业方式，架空配电线路不停电作业都是一项技术技能要求高、作业强度大、安全风险高的作业，作业过程或多或少存在危及作业人身安全或危及电网安全运行的作业风险。个人情绪对作业过程安全影响巨大，技术技能操作水平直接影响作业过程是否安全，采用的作业方法和选用的作业工器具亦关系到作业的全过程安全，如采用绝缘手套作业法带电接入客户、更换绝缘子、更换避雷器、更换跌落式熔断器、带电搭（拆）架空线路或电缆等部分作业项目存在较大的作业安全风险，采用绝缘杆作业法带电接入客户、更换绝缘子、更换避雷器、更换跌落式熔断器、带电搭（拆）架空线路或电缆等作业项目的作业安全风险低于绝缘手套作业法。绝缘手套作业法的作业安全和作业效率与绝缘平台选择、与作业空间大小和设备接入方式及接入位置有关，绝缘杆作业法的作业安全和作业效率与作业环境条件和作业项目、与作业工具选用和架空配电线路线夹金具选择等因素有关。

采用配电网带电作业机器人可以有效避免作业人员情绪、精神状态和技能操作水平等多方因素干扰，进一步拓宽不停电作业的覆盖面，降低天气因素对作业安全的影响，按照规范的操作步骤进行不停电作业，减少人为差错，实现架空配电线路不停电作业过程安全可控、能控、在控。

5.4 配电网不停电作业的发展方向

拓宽架空配电线路不停电作业的覆盖面、降低作业人员作业安全风险、减轻作业人员劳动强度，提高供电可靠性是配电网不停电作业努力方向，在带电作业机器人和智能技术足够成熟的今天，采用带电作业机器人替代作业人工操作将是未来配电网不停电作业的首选。

按照传统停电检修设计的架空配电线路不能完全适应架空配电线路全业务不停电作业，需要改变传统的停电检修设计，以适应未来带电作业机器人等智能设备开展架空配电线路全业务作业。开展架空配电线路不停电作业友好型设计，规范新建、改建架空配电线路设计、施工标准，更好适应采用配电网不停电作业开展架空配电线路全业务覆盖，在降低作业人身安全风险、减轻作业人员劳动强度的同时，有利于提高配电网不停电作业的覆盖面，更好服务经济社会发展。

按照架空配电线路不停电作业友好型设计建成的架空配电线路适合带电作业机器人等智能设备开展架空配电线路不停电作业，架空配电线路不停电作业友好型设计为今后带电作业机器人等智能设备开展架空配电线路不停电作业提供了有效的探索。

1. 带电作业机器人必要性

带电作业机器人是技术进步应用于生产实践的体现，不仅降低作业人员作业安全风险、减轻作业人员劳动强度，利用带电作业机器人作业装备的环境适应性提供更广泛的作业面，利用带电作业机器人作业装备和作业技术的全面性提供更多的作业项目，利用带电作业机器人作业装备提供更高的安全性，利用带电作业机器人作业提供更安全的作业手段，利用带电作业机器人先进的作业装备减小作业劳动强度提供更高效的作业方法。

(1) 减少停电时间。配电网联系着千万家，为减少配电网停电时间，提升供电服务水平，配电网不停电作业已成为最直接、最有效的方法。

(2) 提升工作质量。带电作业机器人按照规范的操作步骤进行不停电作业，减少人为差错。

(3) 降低作业风险。带电作业机器人，改善不停电作业工作环境，降低不停电作业危险系数，保障不停电作业人员安全。

(4) 提升效率。系列化智能末端作业工具组研制，提升不停电作业工作效率。

图 5 - 1 所示为配电网不停电作业人员正在开展不停电施工配电网不停电作业人员人工作业与带电作业机器人作业对比见表 5 - 1。

表 5 - 1　　配电网不停电作业人员人工作业与带电作业机器人作业对比

项目	传统作业	机器人作业	如何实现
安全风险	带电作业	操作者无需接近带电体	远程遥控操作
	高空作业	操作者无需高空作业准备工作	
工作效率	安全防护地面准备工作	无需人员安全防护	机械人安全绝缘防护
环境适应性	对风力、湿度有严格要求	适当放宽环境要求	
劳动强度	重体力劳动	脑力劳动	机械化、自动化辅助操作
技能门槛	人员需要专业技术培训	人员需要专业技能培训	
	对人员身体有一定要求	对人员身体无特殊要求	

图5-1　配电网不停电作业人员正在开展作业

2. 国内外带电作业机器人研发现状

（1）国外带电作业机器人研究现状。从20世纪80年代起，日本、西班牙、美国、加拿大等国家先后开展带电作业机器人研究。除日本和美国的已经实现实用化外，其他国家仍停留在研究或示范试用阶段。总体上，国外带电作业机器人的研究应用还存在着不少问题。

（2）国内带电作业机器人研究现状。带电作业机器人已经适用于作业环境复杂、需要人为辅助的不停电作业中，机器人负责直接接触带电体进行剥线、安装及固定线夹等危险工作，作业人员只需协助完成穿引线工作。该型机器人具有体积小、操作简单等特点。在作业过程中，操作人员只需操作机器人到指定位置，并利用绝缘杆协助完成穿引线工作，其余剥线、带电搭火、安装及固定线夹等危险工作均由机器人自主完成。该方法因作业人员不直接接触带电体，且始终与带电体保持有效安全距离，相较传统人工作业方式更加安全；因人工与机器人配合作业，相较全自主带电作业机器人更加灵活、高效，兼具了机器人操作的安全性和人工操作的灵活性双重优点。因此，单臂人机协同配电网带电作业机器人的适用对象更广，能够在有效提高作业效率的同时，保证作业人员的安全。图5-2所示为国内研发的双臂带电作业机器人正在作业。

图 5-2 国内自主研发的双臂带电作业机器人正在作业

参 考 文 献

[1] 胡毅．配电线路带电作业技术［M］．北京：中国电力出版社，2002.

[2] 李天友，等．配电不停电作业技术［M］．2 版．北京：中国电力出版社，2019.

[3] 宁岐．架空配电线路实用技术（设计·施工·运行）［M］．北京：中国水利水电出版社，2009.

[4] 国家电网公司人力资源部．配电线路带电作业［M］．北京：中国电力出版社，2010.

[5] 国家电网公司．配电网工程通用设计　线路部分［M］．北京：中国电力出版社，2016.